なぜ、

脱炭素経営

が必要なのか？

GX グリーントランスフォーメーション GREENTRANSFORMATION

への第一歩

クレアトゥラ株式会社代表　服部倫康

ビジネス教育出版社

はじめに

脱炭素経営への機運の高まり

近年、自然災害の大きさがインフラに損害を与え、サプライチェーンの機能にも障害を与えるなど、気候変動が経済活動へのリスクになると目されています。

フランスのパリで第21回気候変動枠組み条約締約国会議（COP21）が開催されると、産業革命後の気温上昇を2℃下回るように抑え、1・5℃までに制限する努力の継続を目標としたパリ協定が採択されました（2015年12月12日）。

これを契機に、TCFD（Task Force on Climate-related Financial Disclosures：気候関連財務情報開示タスクフォース）やSBT（Science Based Targets）、RE100（Renewable Energy 100％）へのコミットなど、企業の脱炭素経営に対する取り組みへの機運が高まりました。

我が国においても、2020年10月に菅義偉総理大臣（当時）が、2050年までに日本の温室効果ガス排出を実質ゼロにするカーボンニュートラルの実現を目指すと宣言したことから、国内の企業も脱炭素経営への取り組みを加速させ始めました。

しかし、脱炭素経営への取り組みは大手企業の話だと考えている人たちもまだ多いのではないでしょうか。

そのようなことはありません。それは、脱炭素経営ではサプライチェーン全体でCO2の排出量を削減することを目指すため、大手企業が中心に脱炭素経営に取り組めば、その取引先である中堅・中小企業にもCO2の排出量の削減が求められます。また、金融機関も融資先の評価をする際にも脱炭素経営への取り組みを重視する傾向を強めています。すなわち、中堅・中小企業においても、脱炭素経営への取り組みが競争力維持・強化や融資獲得のための優位性を得ることに繋がる時代になってきたのです。

また、世界的に環境への関心が高まりつつある現代は、脱炭素経営へ取り組むことが企業の社会的評価を高めることに繋がります。

私は10年ほど前から脱炭素経営に関わってきましたが、特にこの数年は多くの企業から問い合わせや相談をいただくことが急増してきており、脱炭素経営への注目度の高まりを肌で感じています。

同時に、多くの方が脱炭素経営やカーボンニュートラルについて、かなり曖昧な知識の状態であるために、何から手を付ければ良いのか分からない状態であることも痛感しております。

そこで脱炭素経営の入門書があれば、多くの方に役立つのではないかと考えました。

脱炭素の難しさ

しかし、脱炭素経営は決して簡単なことではありません。

ここで、私たち一人当たりのCO2排出量を見ておきましょう。私たち1人当たりが一年間に排出しているCO2は、約2トンになります。

1世帯ですとおおよそ4・5トンになる計算です。

そしてこのCO2の排出量を個人が削減しようとすると、考えられる取り組みはテレビの視聴時間を減らしたり、車の運転をやめたり、あるいは冷房の設定温度を今より1℃上げ、暖房なら1℃下げる。もう少し涙ぐましい努力をするなら、シャワーの回数を減らしたり炊飯ジャーの保温を止めるなども考えられます。

思い切った投資を行い、より排出量を減らせるインパクトのある取り組みが可能であれば、自宅をオール電化にして太陽光発電にすれば一人あたりCO2を1トンほど減らせる

▼左表は、家庭内での行動変容によって削減できるＣＯ２の削減効果を表しています。

▼２０１８年に日本人１人が排出しているＣＯ２の量は、１日に１人当たり約６kgで、年間約２トンになります。１世帯当たりでは、約4.5トンになります。

▼２０３０年までにＣＯ２を46％を削減するという事は、１人当たり年間で、０・96トン（９６０kg）を削減する必要があります。（１世帯あたり２・16トン）

▼例えば、年間で冷房の温度を１℃高く、暖房の温度を１℃低く設定しても０・０３１トンの削減にしかつながりません。

＊１０００kg＝１トン

■ 家庭で今からできる削減行動力

個人が出来るCO2削減の取り組み（例）

項目	行動	削減CO2
温度調節	冷房設定温度を26°Cから28°Cへ	83g
	暖房設定温度を22°Cから20°Cへ	96g
	風呂の湯を利用して身体や頭を洗い、シャワーを使わない	371g
水道の使い方	シャワーの使用時間を１日１分短くする	74g
	風呂の残り湯を洗濯に使う	7g
	入浴は間隔をあけない	86g
商品の選択	古いエアコンを省エネタイプに	104g
	古い冷蔵庫を省エネタイプに	132g
	白熱電球を電球形蛍光ランプに	45g
自動車の使い方	アイドリングを５分短縮	63g
	通勤や買物の際にバスや鉄道、自転車を利用	180g
	発進時にふんわりアクセル「eスタート」	207g
	加速の少ない運転	73g
買い物袋とごみ袋	マイバッグ持参、省包装の野菜を選ぶ	62g
	水等持参、ペットボトル使用削減	6g
	ゴミの分別徹底、廃プラスチックリサイクル	52g
	リターナブル瓶の商品を選ぶ	98g
電気の使い方	冷房利用1時間減	26g
	暖房利用1時間減	37g
	主電源をこまめに切って待機電力節約	65g
	ジャーの保温止める	37g
	夜中のジャーの保温止める	37g
	ご飯は保温するよりレンジ解凍	1g
	電球（電球型蛍光ランプ）の点灯時間を短くする	2g
	テレビを見ない時は消す	13g
	使わないとき温水洗浄便座のフタを閉める	15g
	温水洗浄便座の便座暖房の温度を低めに設定	11g
	冷蔵庫の扉を開けている時間減らす	3g
	1日1時間のパソコン利用減らす（デスクトップ型パソコン）	13g
	1日1時間のパソコン利用減らす（ノート型パソコン）	2g
その他	太陽光発電を新規設置	670g
	太陽熱利用温水器を新規設置	408g
	屋上緑化を新規導入	107g
	冷蔵庫を壁から適切な間隔で設置	19g
	冷蔵庫にものを詰め込み過ぎない	18g
	ガスコンロの炎をなべ底からはみ出さないように調節する	5g
	やかんの底やなべ底の水滴を拭き取って、火にかける	1g
	食器を洗う時ガス給湯器の設定温度を低くする	29g
	高効率給湯器（CO2冷媒ヒートポンプ型）に買い替える	607g
	高効率給湯器（蓄熱回収型）に買い替える	208g

出典：チーム・マイナス6℃「めざせ！1人、1日、1kg　CO2削減」

■ 1.5°C実現に求められる低炭素型ライフスタイルに向けた主なアプローチ

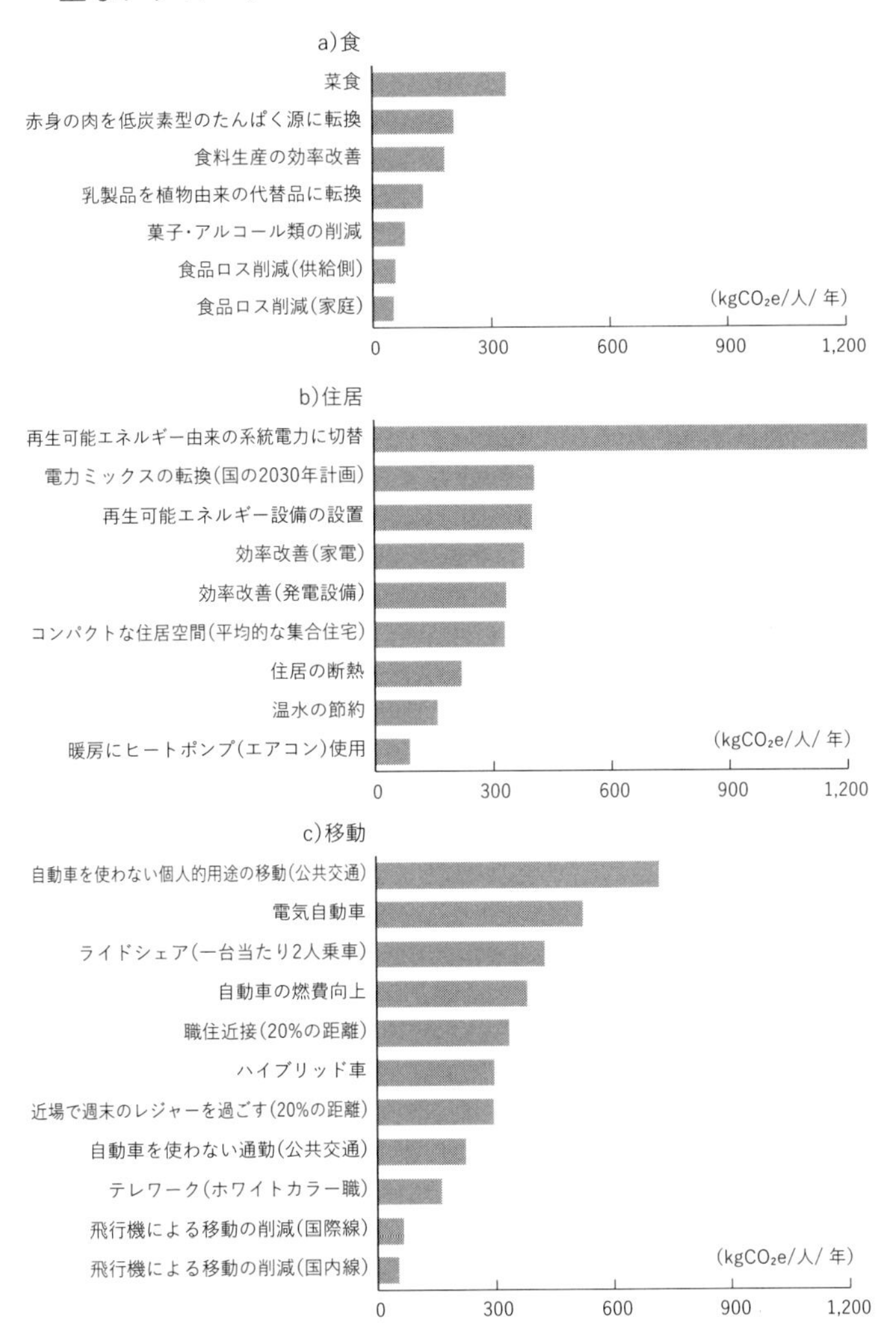

出典：15°Cライフスタイル ―脱炭素型の暮らしを実現する選択肢―

かもしれません。さらに自家用車をガソリン車からEVに変えることができれば、追加で0.5トンほど減らされるかもしれません。

するとなんとか2050年の目標の80％に近づけることが可能になります。しかし、マンションに住んでいる人たちは、太陽光発電やEVを導入するのは構造的な問題があり、簡単ではありません。このような課題がある中で、上記目標の実現には、さまざまな細かい取り組みも同時に重ねていく必要があるのが、現実です。

身軽に決断して行動できる個人においても、CO2削減への取り組みは、これほどの難しさがあります。

これが企業になるとどうでしょうか。

脱炭素、カーボンニュートラルを目指そうとすれば、そのハードルの高さは個人の比ではありません。

脱炭素経営は、経営者だけが理解していても実施できません。社員一人ひとりの理解を得られなければ、企業のあらゆる活動を見直すことができないのです。

本書が、脱炭素経営に興味を持たれた皆さんのお役に立てることができれば、これほどの喜びはありません。

クレアトゥラ株式会社　代表取締役CEO　**服部　倫康**

目次

はじめに

序章 脱炭素に動き始めた世界

第1章 なぜ、経営戦略に気候変動対策が必要なのか

第2章 なぜ、御社が脱炭素に取り組まなければならないのか

第3章 安易に脱炭素経営の流行に乗ることの危険性

第4章 脱炭素を武器にする

第5章 脱炭素に取り組む

第6章 クレアトゥラにできること

あとがき

序章

脱炭素に動き始めた世界

脱炭素経営は一時的なブームではない

18世紀後半に英国で産業革命が起きて以降、石炭や石油などの化石燃料の消費量が増加を続けました。その結果、CO_2の排出量も増加して地球の気候に影響を与えるほどになっていることが確認されるようになりました。

そして地球の気候変動が社会の持続可能性にまで影響を及ぼすことが問題視されるようになり、社会の持続性に影響力を持つ企業の経営においてもCO_2の排出量を抑えることが求められるようになってきました。

しかし、気候変動に関する取り組みは突如として巻き起こった一時のブームではありません。ここで約30年前からの気候変動に関する国際的な動きを振り返ってみましょう。

リオサミット(1992年)

1992年にブラジルのリオ・デ・ジャネイロで環境と開発に関する国際連合会議(United Nations Conference on Environment and Development：UNCED)が開催され

ました。この会議は「地球サミット」とも呼ばれています。

この会議では、「環境と開発に関するリオデジャネイロ宣言」、いわゆる「リオ宣言」が行われ、持続可能な開発に向けた地球規模のパートナーシップの構築が目指されました。

この宣言を実施するための行動計画として「アジェンダ21」、「森林原則声明」、「気候変動枠組条約」、「生物多様性条約」が国際的に合意されています。

COP1（1995年）

リオ宣言で合意された気候変動枠組条約は、地球の温暖化による気候変動を抑制するために大気中のCO2濃度を削減することを目指した国際的な枠組みです。この条約で、1995年から毎年、気候変動枠組条約締約国会議（COP）を開催することが決定されました。

第1回気候変動枠組条約締約国会議（COP1）はドイツのベルリンで開催されています。

京都議定書の制定（１９９７年）

京都議定書の正式名称は「気候変動に関する国際連合枠組条約の京都議定書」（Kyoto Protocol to the United Nations Framework Convention on Climate Change）です。第3回気候変動枠組条約締約国会議（ＣＯＰ３）が１９９７年12月に京都市で開かれ採択されました。

初めて温室効果ガスの削減行動が義務化され、先進各国の削減率が１９９０年を基準として定められています。

ＣＤＰ発足（２０００年）

ＣＤＰは機関投資家が連携して運営する非政府組織（ＮＧＯ）で、ロンドンに事務所を置いています。旧称は「カーボン・ディスクロージャー・プロジェクト（Carbon Disclosure Project）」でしたが、活動領域の拡大に伴い２０１３年からはＣＤＰを正式名称にしています。

ＣＤＰは主要国の時価総額が上位の企業に対して、気候変動に対する取り組みについての質問状を送り、回答内容からスコアリングを行い公開しています。その結果が、現在では企業価値を測る重要な指標とされ、ＥＳＧ投資の判断材料として用いられています。

ＣＤＰが画期的であるのは、企業の株主である機関投資家を気候変動対策に巻き込むことで、企業の気候変動への取り組みを加速させていることです。

ＭＤＧｓ採択（２０００年）

ＭＤＧｓ（Millenium Development Goals）は、２０００年9月にニューヨークで開催された国連ミレニアム・サミットにおいて採択された持続可能な開発目標です。貧困や教育、ジェンダー、乳幼児死亡率、妊産婦の健康問題、疫病、グローバル・パートナーシップなどに関する目標と、環境の持続可能性の確保が目標とされました。

ＭＤＧｓは後にＳＤＧｓに継承されます。

ＰＲＩ発足（２００６年）

ＰＲＩ（Principles for Responsible Investment）は責任投資原則と訳され、当時の国際連合事務総長のコフィー・アナンが金融界に向けて提唱したイニシアチブです。ただし、国連のサポートを受けつつも、国連の一部ではないとされます。

ＰＲＩでは企業の持続可能な経営を促すために、投資家に対して企業の環境問題への取り組み状況を考慮して投資する責任を求めています。

そのためＰＲＩでは、ＣＤＰレポートを投資の評価材料とすることを推奨しています。

ＲＥ１００（２０１４年）

ＲＥ１００は、事業活動による環境負荷を低減させるために、事業に必要なエネルギーを１００％再生可能エネルギーで賄うことを目指すイニシアチブです。イギリスを拠点に活動する国際環境ＮＧＯ のクライメイト・グループ（ＴＣＧ）が２０１４年に創設しました。ＲＥ１００は「Renewable Energy １００％」の頭文字です。

ＲＥ１００の加盟企業は、事業活動のエネルギーを１００％再生可能エネルギーに変えていく計画を事務局に提出します。

ＳＤＧｓ採択（２０１５年）

ＳＤＧｓ（Sustainable Development Goals）は持続可能な開発目標を意味し、２０１５年９月に開催された国連サミットで採択されました。２０００年に策定されたＭ

DGsの後継となる国際的な開発目標です。

SDGsは17の世界目標と169の達成基準、232の指標からなります。これらの目標の中には、気候変動への対策と環境保護が盛り込まれています。

パリ協定の採択（2015年）

2015年11～12月にかけてパリで開催された第21回気候変動枠組条約締約国会議（COP21）で、気候変動抑制に関する多国間の国際的な協定として「パリ協定」が採択されました。

パリ協定には、産業革命以降の世界の平均気温を2℃未満に抑えることが目標とされるなど、国際的な低炭素社会への取り組みが目指されました。

SBT発足（2015年）

SBT（Science Based Targets）はSBTi（Science Based Targets initiative）とも呼ばれ、パリ協定が目標とした産業革命以降の世界の平均気温の上昇を2℃未満に抑えるために、科学的な知見と整合した温室効果ガス削減目標を設定することです。

ＷＷＦ（世界自然保護基金）やＣＤＰ、ＷＲＩ（世界資源研究所）、ＵＮＧＣ（国連グローバル・コンパクト）により共同運営されています。

ＴＣＦＤ設立（２０１７年）

ＴＣＦＤ（The FSB Task Force on Climate-related Financial Disclosures）は「気候関連財務情報開示タスクフォース」と訳されます。金融システムの安定化を図る国際的組織である金融安定理事会（ＦＳＢ）が２０１５年のＧ20における財務大臣及び中央銀行総裁会合の要請を受けて設置し、２０１７年６月に最終提言（ＴＣＦＤ提言）として公表されました。

その活動は、低炭素社会への移行により金融市場を安定化させるために、気候変動関連リスクと機会について情報開示を行う企業を支援することです。

以上、気候変動に関する国際的な動きを駆け足で振り返ってみましたが、これらの動きから分かるように、脱炭素経営は一時的なブームではなく、長い年月をかけて目指されてきた気候変動リスクに対する経済界、特に金融界の要請を受けたムーブメントなのです。

何が脱炭素経営の流れを加速させたのか

脱炭素経営への歴史を振り返ると、その推進力が金融業界であることが見えてきました。

例えば運用資産が1兆3000億ドルといわれている世界最大級の政府系ファンドにノルウェー政府年金基金があります。この基金は同国の石油収入を、株式や債券、不動産などに投資することで運用しています。

世界最大級のファンドですから、同ファンドの投資動向が世界に与える影響はとても大きなものになります。

同ファンドの運用成績は安定して伸びていますが、2008年のリーマンショックでは、大きな損失を出しました。

■ ノルウェー政府年金基金運用状況

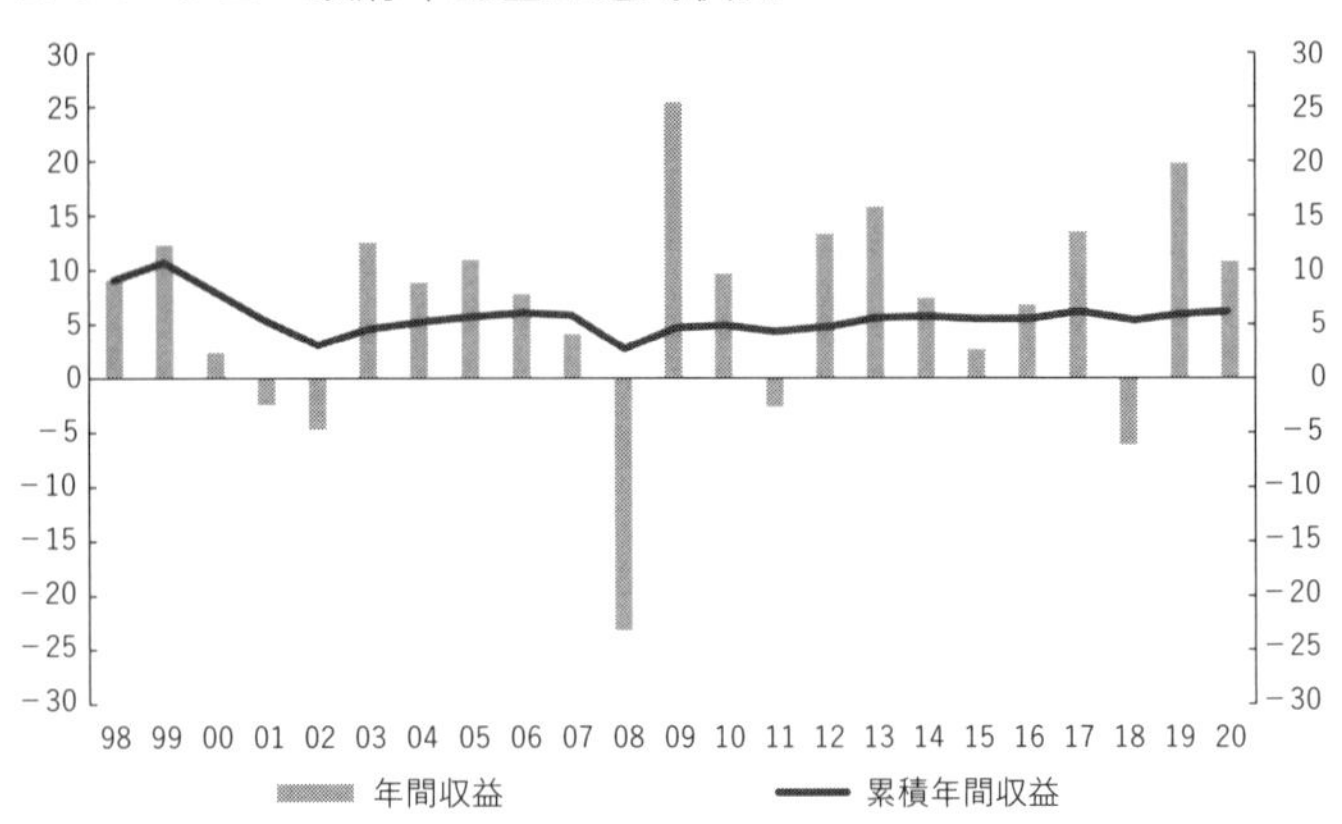

出典：『Government Pension Fund Global Annual report 2020』（p20）
（https://www.nbim.no/en/publications/reports/2020/annual-report-2020/）

このときの反省点として、ガバナンスが効いていなかったことが挙げられました。投資していた金融商品のリスクについて正確に把握していなかったのではないかと。その結果、米国の住宅バブル崩壊をきっかけに起きたサブプライムローン危機に巻き込まれる形で大きな損失を出してしまったのだと。

この反省の下に、同ファンドは次の大きなリスクは何かと考えます。そこで浮かび上がったのが気候変動により社会基盤が崩壊するリスクでした。

社会基盤が崩壊すれば、企業の経営基盤も崩壊します。そして社会基盤の立て直しとともに社会の価値観が変わり、企業の評価基準も変わるでしょう。

つまり、気候変動リスクを回避するための経営を行っている企業を投資先としてより高く評価すべきだという発想を持つに至ります。

このような気候変動リスクへの対応姿勢を新しい投資先の評価基準とする動きは、世界中の機関投資家により共有されるようになります。パリ協定の合意の背景にも、気候変動リスクに対する経済界の方向性が一致したことがあるといわれるほどです。

実際、主要国・地域の中央銀行や金融監督当局などの代表が参加している金融安定理事会（FSB：Financial Stability Board）は、2017年6月にTCFDの最終提言を公表しています。

TCFDは、企業の気候変動への取り組みや影響に関する財務情報を開示するための枠組みです。つまり、これからの企業は気候変動リスクへの対応を開示しなければ機関投資家や金融機関から評価されず、上場できなかったり融資を受けられなかったりするような状況になってきているということです。

2022年4月には、東京証券取引所の現在の五つの市場（1部、2部、ジャスダック・スタンダード、マザーズ、ジャスダック・グロース）が三つの市場区分（プライム、スタンダード、グロース）に再編されました。この中で上場基準が最も厳しいプライム市場は、海外の機関投資家が投資対象にするグローバル企業向けの市場となります。そして同市場で上場するための規定には、ＴＣＦＤに基づく情報開示が盛り込まれています。

　これらの機関投資家や金融業界の動きは注目しなければなりません。これまで融資を受ける際にはＢＳやＰＬで財務状況を判断されていたのが、ある日突然、気候変動リスクに対応していないことが理由で融資が打ち切られるかもしれないためです。これは決して大袈裟な話でも遠い将来の話でもなく、既に世界の機関投資家や金融業界の動きとして始まっていることです。

　そのため、日本においても投資・金融業界に携わる方々や融資を受ける側の企業の方々は、気候変動リスクへの対応を現実問題として受け止めなければなりません。それが、脱炭素経営への心構えです。

脱炭素経営は大企業だけの話ではない

　ここまで脱炭素経営が必要とされるようになった背景として、世界の動きを見てきました。それでも多くの方が、この潮流についてはグローバルなビジネスを行っている大企業の話だという印象を持たれているかもしれません。

　しかし、脱炭素経営への必然性は中小企業おいても高まっています。それは、脱炭素経営はサプライチェーン全体に求められているためです。

　例えば米アップルが脱炭素経営を実践する際、同社自体は製品の製造を行っていませんので、部品を供給している村田製作所やTDKなど、あるいは組み立てを行っている鴻海（ホンハイ）が脱炭素化を実現していなければなりません。脱炭素化できていなければ取引先から除外されてしまうのです。

　もちろん、村田製作所の協力先も脱炭素化できていなければ、同社の脱炭素経営は実現しません。つまり、大企業が脱炭素経営を実現するためには、そのサプライチェーン上の全ての企業が脱炭素経営を行う必要があるのです。

このとき、米アップルは企業イメージを向上させるブランディングのためだけに脱炭素経営を実践するのではありません。より切実な理由があります。同社のサプライヤーが化石燃料由来の電力に依存していた場合、化石燃料の価格が暴騰して電力も暴騰したときに製品価格を維持できなくなるためです。

つまり、米アップルがサスティナブルな経営状態を維持するためには、全てのサプライヤーに脱炭素経営の実現を要請しなければなりません。

一方、サプライヤー側の各企業は、米アップルとの取引を継続するためには脱炭素経営を実施する必要性が生じます。

同様にトヨタが脱炭素経営を実現するためにはデンソーをはじめとする全てのサプライヤーが脱炭素経営を目指す必要に迫られます。

このことは、脱炭素経営については経営者のみならず、全ての部門の社員が意識していかなければならないことを示しています。

例えば部品を調達する部門は、その部品が製造される過程でどれだけのCO_2を排出しているのかを見極めなくてはなりません。

製品開発をしている部門では、その製品の製造過程でどのくらいCO_2を排出しているのかだけでなく、その製品が使われる際のCO2の排出量も見極めておく必要があります。さらに、部品のCO2排出量を抑制するためのデザインを検討しなくてはなりません。

製造部門では工場で使用する電力を化石燃料から再生可能エネルギーへの移行を余儀なくされます。

営業部門も、営業活動における炭素の排出量を削減する努力が求められます。

そしてIR部門は、投資家や金融機関に向けて自社の脱炭素経営への取り組みを確実に伝えていかなければなりません。広報部も社内報に使われている紙を再生紙にするかウェブサイト版にする必要があるかもしれません。

現在、脱炭素経営への取り組みはトップダウンで進められることがほとんどですが、経営者が企業活動の全てを把握することは困難です。その場合、やはり各現場に携わる人たちが各々で推進できる脱炭素化を担うことになります。

その意味では、脱炭素経営に関する知見の有無が、社内での地位に影響を与えるようになってくることも考えられます。

以上のことから、例えば昨今ではDXについての研修が盛んに行われていますが、これからは脱炭素経営や気候変動、サスティナブルなどに関する研修も盛んになってくることが予測できます。

気候変動リスクをビジネスチャンスと捉える

気候変動リスクやカーボンニュートラル、脱炭素系などのキーワードが登場すると、多くのビジネスパーソンは負担や不安を感じるようです。様々なコスト負担が大きくなるのではないか、業務が複雑になるのではないか、取引先が減るのではないか、様々な制約に縛られるようになるのではないか。あるいは、融資を得られなくなるのではないか、さらには自分たちのビジネスモデルが崩壊するのではないか――。多くのネガティブな予想が出てきます。

確かに、再生可能エネルギーを利用したり、環境負荷の少ない素材を採用することなどは、コストアップに繋がりやすいでしょう。また、例えば現在ガソリンエンジンの部品を造っている会社であれば、将来電気自動車が普及したり、ガソリンエンジンの規制がかかるようなことがあれば、経営が立ちゆかなくなります。

しかし、脱炭素経営への潮流を悲観的に捉えてばかりいては、本当に経営危機に直面することになりかねません。

私は本書を上梓することで、読者の方々に二つの面からお役に立ちたいと考えています。

一つは気候変動リスクを身近に感じて頂き、脱炭素経営を自分事として考える習慣を身に付けていただくことです。あらゆる生活の場面や仕事の場面において、気候への影響に配慮できる発想や気付きを持てるようになること。あるいは経営者であれば事業戦略を立てる際に、常に気候変動への影響を配慮できることです。

もう一つは、気候変動リスクをチャンスと捉えられるようになることです。

現在の事業を環境負荷の面から捉え直してみる。そこに新しい価値を付加できないか考えてみることです。

あるいは、企業も消費者も環境に配慮する習慣を身に付けたとき、そこに訴求できる新しい商品やサービスを生み出すことができるでしょう。さらに、気候変動リスクを回避するために新たなニーズが生まれ、全く新しい市場を開拓できるかもしれません。

実際、世界は低炭素から脱炭素へと向かっています。この流れに乗れない企業は時代遅れの経営を行っているとして、市場からも投資家からも背を向けられてしまうかもしれません。

一方、脱炭素化の潮流に積極的に乗り出し、新しい製品やサービスを生み出し、ビジネスモデルの転換を図れた企業は、市場からも投資家からも歓迎されることになります。同時に、社会への貢献度も高く評価されるに違いありません。

それでは第1章では、企業が脱炭素経営に取り組まなければならない理由について解説していきます。

ＳＤＧｓと脱炭素経営

近年、あらゆる場でＳＤＧｓへの配慮が行われるようになってきました。特に、社会への影響力の大きな企業の活動においてはＳＤＧｓに配慮していなければ即座に社会的評価が下がってしまうほど、既に多くの企業がＳＤＧｓへの取り組みを表明しています。

ただ、ＳＤＧｓはあまりにも広範な活動範囲を対象とした開発目標であるため、企業としては具体的にどのように取り組めばよいのか分かりにくい面もあります。

この分かりにくさに対して、私どもは、実は脱炭素経営こそがＳＤＧｓの取り組みに直結しているとお伝えしています。

ＳＤＧｓには17項目の世界目標が掲げられています。それは次の通りです。

1　貧困をなくそう
2　飢餓をゼロに
3　すべての人に健康と福祉を
4　質の高い教育をみんなに
5　ジェンダー平等を実現しよう
6　安全な水とトイレを世界中に
7　エネルギーをみんなに、そしてクリーンに
8　働きがいも経済成長も
9　産業と技術革新の基盤をつくろう

10　人や国の不平等をなくそう
11　住み続けられるまちづくりを
12　つくる責任　つかう責任
13　気候変動に具体的な対策を
14　海の豊かさを守ろう
15　陸の豊かさも守ろう
16　平和と公正をすべての人に
17　パートナーシップで目標を達成しよう

17の項目は通常同列で語られますが、私どもはこれらの項目には階層があると捉えています。すなわち、「8働きがいも経済成長も、9産業と技術革新の基盤をつくろう、10人や国の不平等をなくそう、12つくる責任　つかう責任」は「経済」という階層に。

そしてこの「経済」を支えている「社会」の階層には「1貧困をなくそう、2飢餓をゼロに、3すべての人に健康と福祉を、4質の高い教育をみんなに、5ジェンダー平等を実現しよう、7エネルギーをみんなに、そしてクリーンに、11住み続けられるまちづくりを、

■ 弊社が考えるSDGsにおける気候変動の位置づけ

弊社では、SDGsの各要素にもレイヤーがあると考えており、気候変動はその活動の基盤となるものであると認識しております。

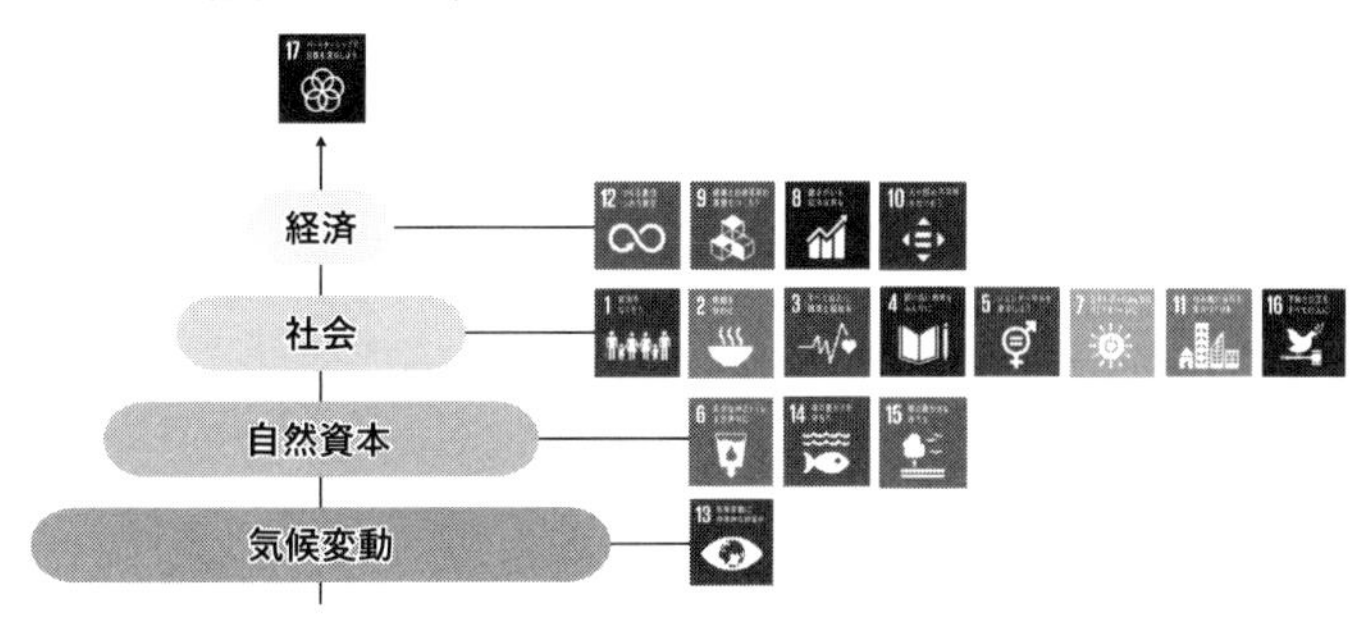

※上の階層図は、アメリカの非営利環境団体コンサベーション・インターナショナルが提唱している階層構造に私どもでアレンジを加えたものです。

16平和と公正をすべての人に」が含まれます。この「社会」を支えているのが「自然資本」で、この階層には「6安全な水とトイレを世界中に、14海の豊かさを守ろう、15陸の豊かさも守ろう」が含まれます。

　そして、これら全ての階層を支えているのが「気候変動」で、「13気候変動に具体的な対策を」が含まれます。気候変動に対する取り組みがあればこそ、「自然資本」が守られ「社会」が守られ「経済」が健全でいられるわけです。気候変動リスクへの対処ができなければ、全て崩れてしまうでしょう。

　上記階層図は、アメリカの非営利環境団体コンサベーション・インターナショナルが提唱している階層構造に私どもでアレンジを加えたものです。

つまり、気候変動リスクに対処することはＳＤＧｓの開発目標の中でも最も基盤となる取り組みですから、脱炭素経営への取り組みは、これ自体がＳＤＧｓを支える基盤であると考えているのです。

したがって、ＳＤＧｓの面からも、脱炭素経営を行うことはとても有意義な取り組みだといえます。

Chapter 01

なぜ、経営戦略に気候変動対策が必要なのか

気候変動対策への要請が強まっている

既に解説した通り、気候変動対策は約30年前から議論されてきました。しかし、なぜ今になって経営戦略に気候変動対策を取り入れなければならなくなったのでしょうか。

ご存じのように、近年は日本においても気温が上がってきています。

このことは私たちも実感していることではないでしょうか。

国連の気候変動に関する政府間パネル（Intergovernmental Panel on Climate Change：IPCC）が第6次評価報告書（AR6）で、CO_2の排出量が気候変動への影響があることを示し、産業革命時と比較して現在は1.1℃気温が上昇していることを示しました。

そしてこのCO_2の排出量は人類の活動に起因していると言われ始めています。

アメリカではミシシッピ渓谷などで平均以上の降水量が観測されて洪水が発生したり、南米では最大瞬間風速295メートルのハリケーンが記録されたりしています。一方、フラ

■ CO2排出量増による温暖化

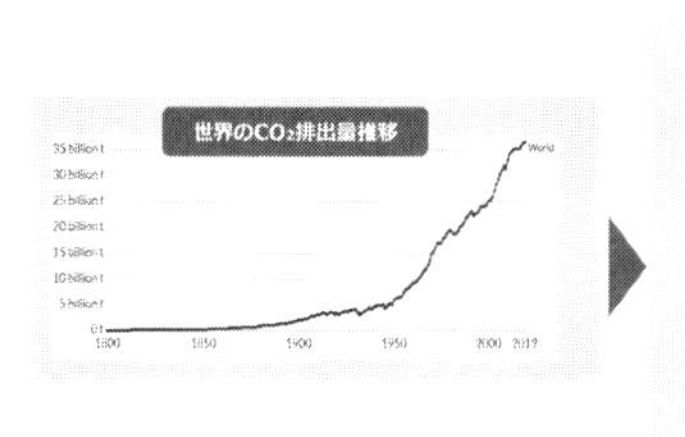

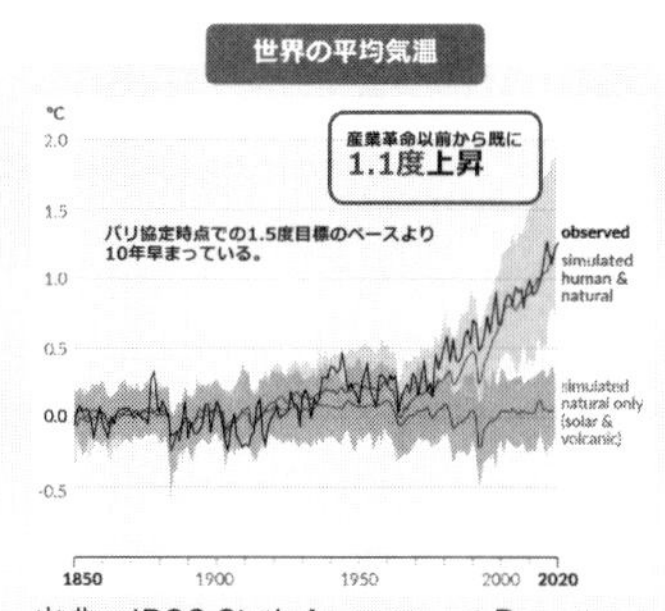

ンスの一部地域では観測史上最高の気温として45・9℃が記録されたり、日本でも令和元年の台風19号が東京江戸川で最大瞬間風速43・8メートルを観測するなど、極端な気候の変化が表われています。

このように、洪水や土砂崩れ、山火事、干ばつなどの被害が増えているため、これをなんとかしなければならないという世界的なコンセンサスが醸成されつつあります。

この流れの中で、２０１５年のパリ協定の採択が行われました。この協定の画期的なことは、世界で初めて気候変動に対して全ての国が責任を負うことが確認されたことです。

それ以降、各国並びに各国の企業がＣＯ２削減を積極的に推進するようになってきました。

■ 世界各地の22年上半期の異常気象・気象災害の事例

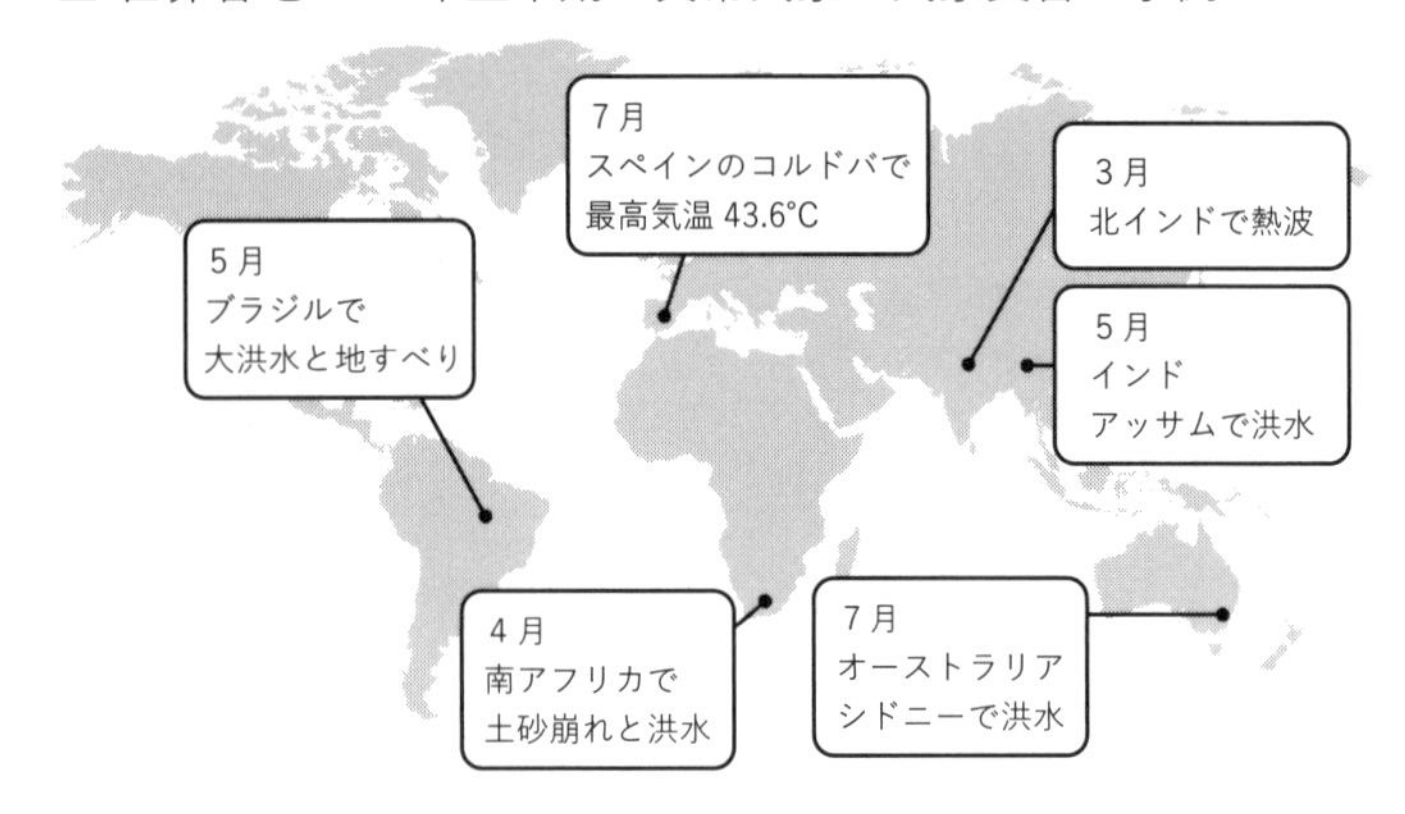

■ 気候変動対策における世界の動向

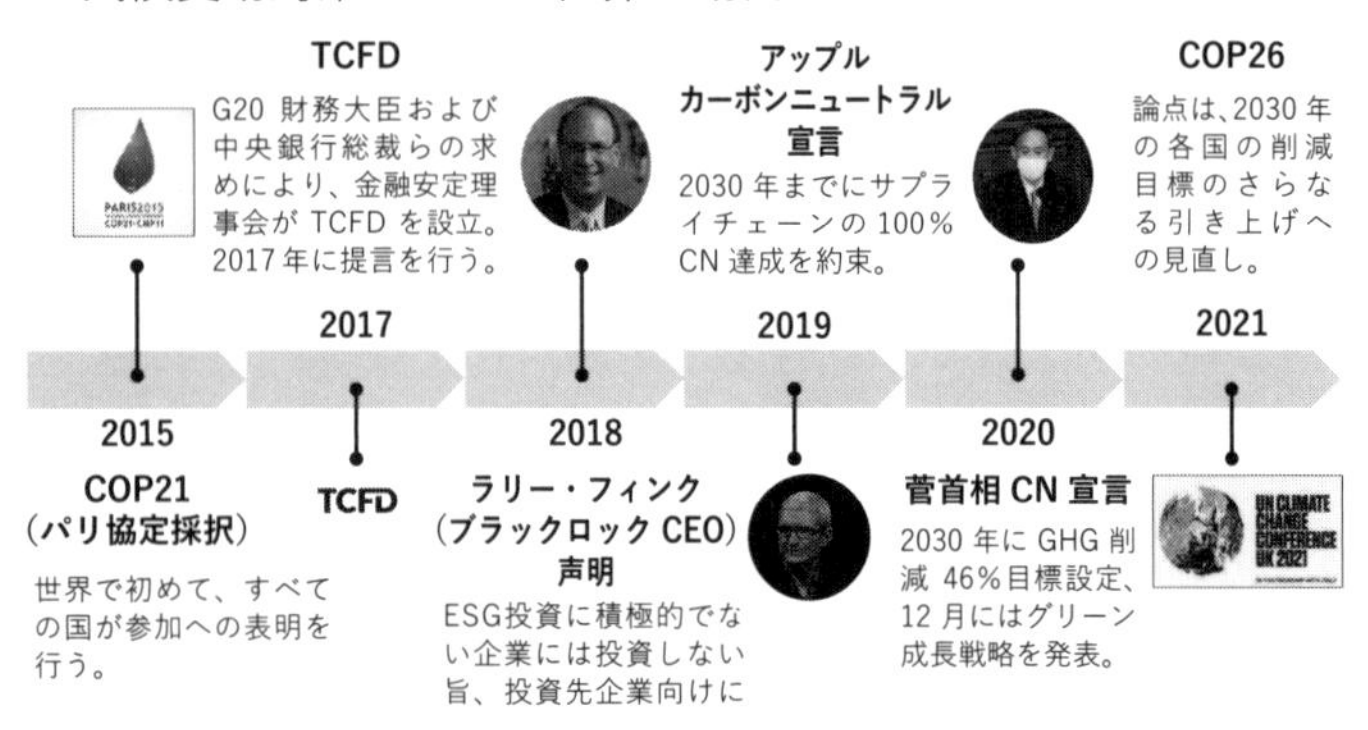

なぜ、パリ協定が締結されたのか

少し補足しますと、パリ協定が結ばれた背景にはもう一つ、2008年のリーマンショックがあったと考えられます。

リーマンショックの要因として、金融機関がガバナンスを効かすことができないままに、高いレバレッジを求めて資金を投じてきたことがあります。その結果、内包していた高いリスクが現実となったときに、世界的な信用崩壊が生じて経済に大きな打撃を与えました。

このようなことを繰り返さないためにはどうするべきなのか、ということが考えられるようになります。特に、将来年金を支払うことを目的に運営されているノルウェー政府年金基金といったペンションファンドが、次に起こりえるリスクを予測しました。

その結果、50~100年のスパンで考えたときに大きなリスクとして見えてきたのが、気候変動リスクでした。

そこで、これからは金融機関から企業に対してより積極的に気候変動リスクへの取り組

■ 主な国際イニシアチブ

情報開示

TCFD TASK FORCE on CLIMATE-RELATED FINANCIAL DISCLOSURES

金融安定理事会によって設立された「気候関連財務情報開示タスクフォース」。このタスクフォースによって企業の財務報告において気候関連情報の影響の開示を推奨する報告書が公表され、企業が開示すべき項目や情報開示のフレームワークが定められています。

CDP DISCLOSURE INSIGHT ACTION

「気候変動」「水資源保護」「森林保全」の環境対策について、企業や自治体に情報開示の要求、格付けを行うNGO団体。ESG投資等における基礎データとして機関投資家向けに活用されている。

目標設定

Science-based targets (SBT)はパリ協定の目標を達成するために最新の気候科学が必要と見なす削減努力を定量化した目標設定の事です。GHG排出量は、Scope1,2,3に分類されます。

RE 100

RE100とは「Renewable Energy 100%」の略称で、事業活動で消費するエネルギーを100%再生可能エネルギーで調達することを目標とする国際的イニシアチブです。

みを働きかける必要があるという結論にいたります。

このことを各国政府に働きかけ、議論が進められた結果、2015年のパリ協定では政府だけでなく金融産業も巻き込んだことが、先の京都議定書のときとの違いだと考えられます。

このように世界の金融機関も巻き込んだことは、気候変動リスクへの取り組みが不可逆的な潮流になったことを意味します。

この潮流の中で、世界にはさまざまなイニシアチブが立ち上がり始めています。

既に紹介しましたように、TCFDが金融機関を中心に立ち上げられ、CDPなどの団体が企業や自治体などに情報開示を求め、PCAF（Partnership for Carbon Accounting Financials）という、融資や投資を通じて温室効果ガスの排出量を算定する枠組みが作られました。

■ 日本企業を取り巻く環境について

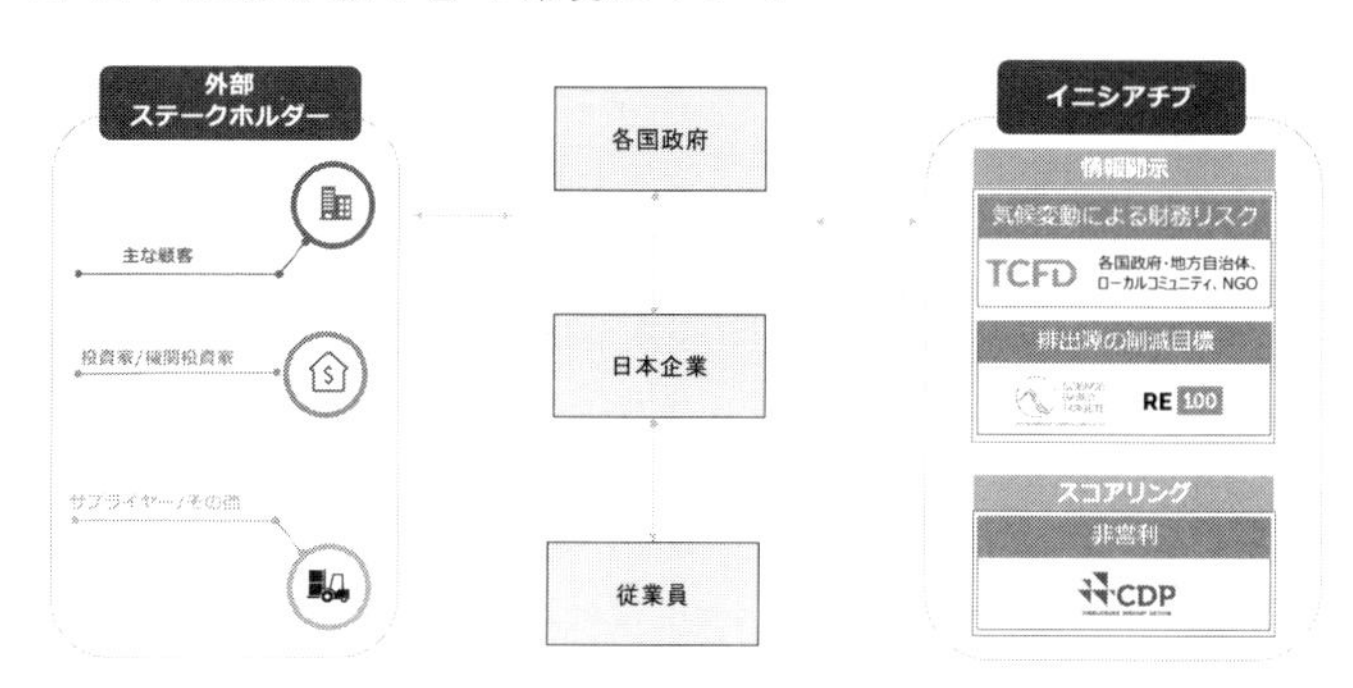

また、情報を開示するだけでなく、目標も設定するべきだという考えから、SBT（Science-based targets）やRE100（Renewable Energy 100％）といった企業が排出する温室効果ガスの削減目標と使用するエネルギーを100％再生可能エネルギーで調達することを目指すイニシアチブが立ち上がってきています。

これらのイニシアチブは、別々の活動ではなく、相互に関連し合って企業活動に影響を与えています。

そして企業の気候変動リスクへの取り組みに対しては、これらのイニシアチブだけでなく、企業の顧客や投資家、サプライヤーといったステークホルダーからも求められるようになってきています。

国際イニシアチブの関係性

国際イニシアチブはお互いが補完し合う形で運営されています。そのため、企業が気候変動リスクに対する取り組みを行う際にも、いずれか一つだけを取り上げるのではなく、各イニシアチブが保管し合える状態が求められます。

例えばＴＣＦＤは、気候変動に関する情報開示を求めるイニシアチブですが、その際に、ＣＤＰの評価情報を採用しています。そしてＣＤＰ自体も、ＴＣＦＤに沿った評価を行っているのです。

ＣＤＰの情報はまた、ＳＢＴの進捗確認に採用されています。

ＲＥ１００も相互に関係しています。したがって、企業

■ 国際イニシアチブにおける相互の関係性

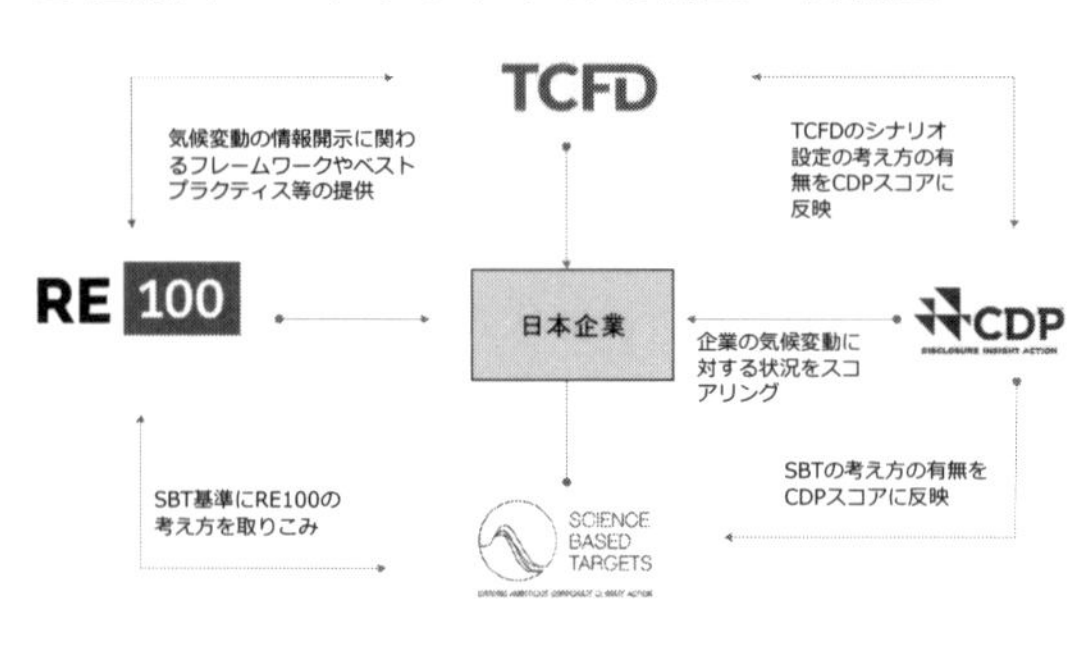

はいずれか一つに取り組めば良いということにはなりません。

特にＴＣＦＤは企業の気候変動への取り組みに影響する資産状況について開示します。

このことの重要性は、２０２２年４月から開かれた東証プライム市場においても、ＴＣＦＤに従った情報開示が必須になっていることからも分かります。

気候変動に対する企業の戦略

ＴＣＦＤは基本的に四つの要素で構成されています。

一つめはガバナンスです。気候変動リスクについて監視体制ができているのか、あるいは気候変動リスクに対する経営者の役割が整理されているのかどうかが確認されます。

二つめが戦略です。ガバナンスが強化されて気候変動リスクへの管理体制が整ったとき、気候変動が企業に対してどのようなリスクになるのか、あるいは機会となるのかを説明できなければなりません。

■ TCFD（Task Force on Climate-related Financial Disclosure）が開示に求める要素

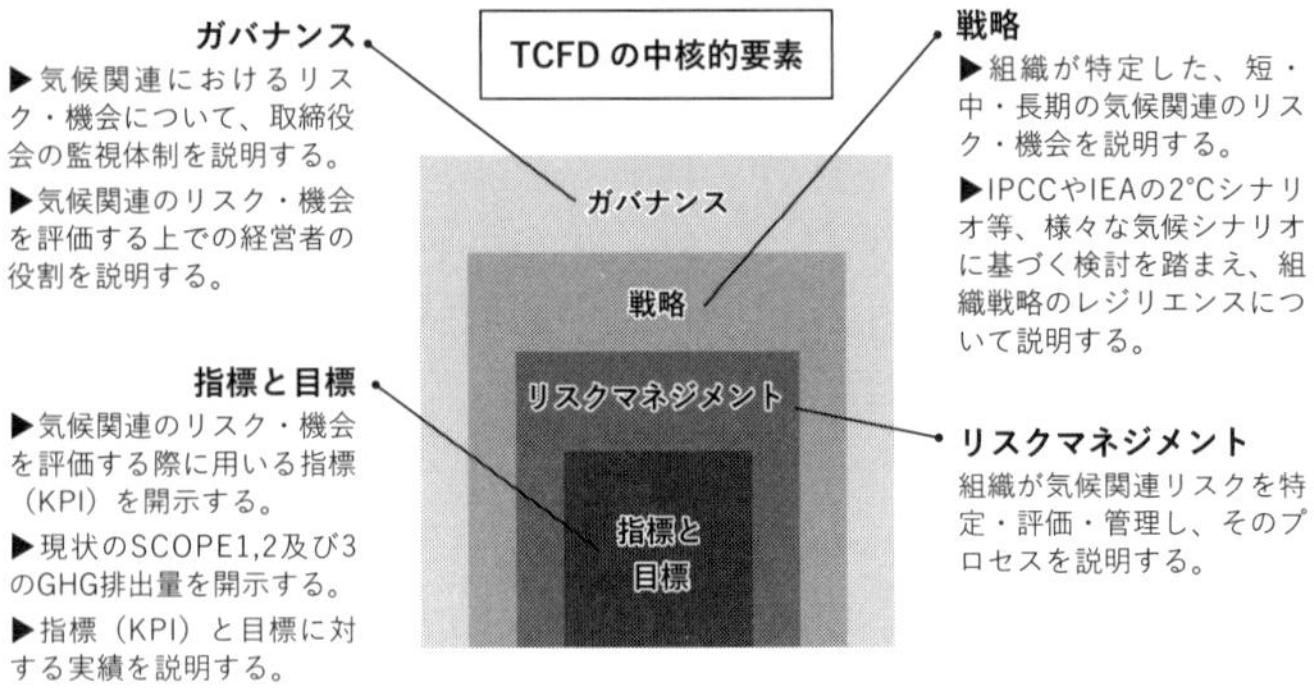

TCFDの中核的要素

ガバナンス
戦略
リスクマネジメント
指標と目標

ガバナンス
▶気候関連におけるリスク・機会について、取締役会の監視体制を説明する。
▶気候関連のリスク・機会を評価する上での経営者の役割を説明する。

戦略
▶組織が特定した、短・中・長期の気候関連のリスク・機会を説明する。
▶IPCCやIEAの2℃シナリオ等、様々な気候シナリオに基づく検討を踏まえ、組織戦略のレジリエンスについて説明する。

リスクマネジメント
組織が気候関連リスクを特定・評価・管理し、そのプロセスを説明する。

指標と目標
▶気候関連のリスク・機会を評価する際に用いる指標（KPI）を開示する。
▶現状のSCOPE1,2及び3のGHG排出量を開示する。
▶指標（KPI）と目標に対する実績を説明する。

気候変動が極端なシナリオに沿って現実になったときに、レジリエンスがあるかどうか。

例えば世界の温暖化対策が成果を出せず、気温が4℃上昇したときに、企業が滞りなく活動を継続できているような戦略が設計できているかどうか。逆に温暖化対策が効をなして気温が2℃までの上昇で抑え込まれているときにも企業は持続可能な活動を行えているかどうか。

三つめがリスクマネジメントです。戦略に基づいたリスク管理ができているかどうか、その評価や管理、プロセスの制御が行えていることを説明できなければなりません。

そして四つめに、リスクマネジメントを評価するためのKPIを設定・開示し、実績を説明できなければなりません。

例えばCO2を削減するための戦略や、ビジネス機会を捉えるための戦略が実行されていることを評価して開示します。

製造業であれば、気温が4℃上昇して洪水や干ばつの頻度が高まったときでも、サプライチェーンが耐えうる状態に整備されているかどうか。あるいは炭素税が極端に上がったときでも、そのコストを吸収できるだけの戦略が立てられているかどうかなどがポイントになります。

また、これらの戦略について、投資家などのステークホルダーと理解を共有できているかどうかについても、企業は整理する必要があります。

SBTへの対応

■ SBT（Science-Based Target）のもとめる削減率／スピード

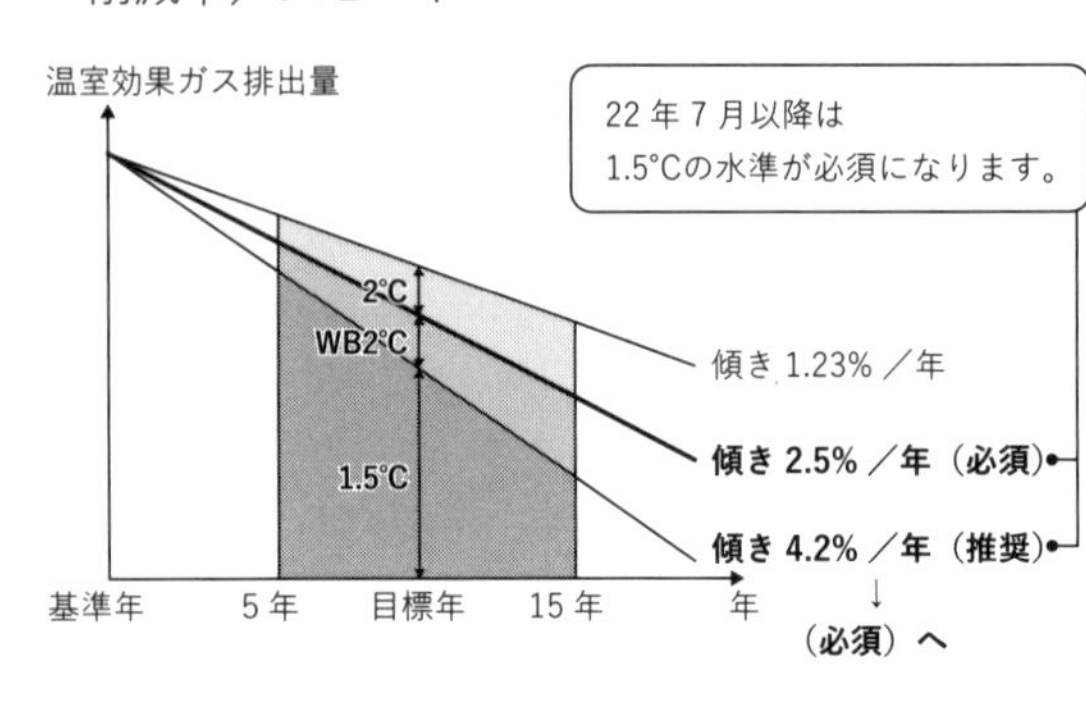

次にSBTへの対応について解説します。

SBTは科学的根拠に基づいてCO2の削減を推進するイニシアチブであり、取り組みを示します。

SBTが立ち上げられた当初は、気候変動による気温の上昇を2℃に抑えることを目指していたため、CO2の削減量も年率1・2〜3％で推進することを目標にしていました。

ところが年月の経過とともに、当初のCO2削減目標では十分ではないと判断されるようになり、気温を1・5℃に抑えるためのCO2削減量を目標に年率4・2％で推進すべきだと改訂されました。

■ SBT（Science-Based Target）の認証取得のメリット

投資家
SBT設定は持続可能性をアピールでき、CDPの採点等においても評価されるため、投資家からのESG投資の呼び込みに役立つ。

顧客
SBTを設定することはリスク意識の高い顧客(例、アップル)の声に答えることになり、自社のビジネス展開におけるリスクの低減・機会の獲得につながる。

従業員
SBTは野心的な目標達成水準であり、SBTを設定することは、社内で画期的なイノベーションを起こそうとする機運を高める。

Employees

Supplier

サプライヤー
SBTで設定した削減目標を、サプライヤーに対して示すことで、サプライチェーンの調達リスク低減やイノベーションの促進へつなげることができる。

　そのため、この目標を設定できない企業のＣＯ２削減計画では、ＳＢＴの承認を得られません。

　日本が２０３０年までにＣＯ２排出量を46％削減する目標を立てた根拠も、ＳＢＴが企業に削減を求める削減率の根拠も、全てパリ合意に基づいて定められています。

　今後は企業においても、極端な場合は売上や利益を下げてでも、年率４・２％の削減を計画することが求められるようになるかもしれません。

　そのため、企業に対しては、自社内の活動で排出するＣＯ２の削減目標ではなく、サプライチェーン全体、バリューチェーン全体における削減が求められます。

　このようなＳＢＴの考え方が、現在トレンドになりつつある背景には、ＩＰＣＣのレポートやパリ協定での取

■ Scope1,2,3の内訳

上流（サプライヤー）

Scope 3

カテゴリ 1
購入した製品サービス

カテゴリ 2
資本財

カテゴリ 3
Scope1,2に含まれない
燃料及びエネルギー関連活動

カテゴリ 4
輸送、配送（上流）

カテゴリ 5
事業から出る廃棄物

カテゴリ 6
出張

カテゴリ 7
雇用者の通勤

カテゴリ 8
リース資産（上流）

自社

Scope 1
自社での燃料の使用や
工業プロセスによる
直接排出

Scope 2
自社が購入した電気・
熱の使用に伴う
間接排出

下流（顧客）

Scope 3

カテゴリ 9
輸送、配送（下流）

カテゴリ 10
販売した製品の加工

カテゴリ 11
販売した製品の使用

カテゴリ 12
販売した製品の破棄

カテゴリ 13
リース資産（下流）

カテゴリ 14
フランチャイズ

カテゴリ 15
投資

り決めがあります。

このトレンドはサプライチェーンやバリューチェーン全体が巻き込まれるだけでなく、従業員や顧客、投資家といったステークホルダー全体でコミュニケーションを取っていく必要があります。

この考え方が、スコープ1〜3という考え方に繋がっていき、企業として、直接排出（スコープ1・2）だけでなく間接的な排出（スコープ3）にも責任をもつ必要性が出ております。

ＣＤＰへの対応

ＣＤＰが公開しているスコアは企業価値を測る重要な指標とされています。

ＣＤＰの評価は、企業に対して送った質問書に対して回答された内容を評価しています。この評価が年々厳しくなっており、現在ではＴＣＦＤの概念に沿っているかどうか、ＢＳＴの設定に基づいているかが問われるようになっており、この評価を機関投資家が投資判断の指標として重視するようになっています。

ただし、ここでも注意しなくてはならないポイントがあります。それはＣＤＰのスコアは絶対評価ではなく、相対評価であることです。すなわち、一度「Ａ」といった最上位のスコアを取得したとしても、他企業が脱炭素経営を進めた場合には、同じ取り組みをしていては、スコアが下がってしまうということです。

そのため、ＣＤＰへの対応を進めるには、継続的な脱炭素経営の推進を求める仕組みになっていることを念頭に置く必要があります。

RE100への対応

RE100は事業で使用するエネルギーの100%を再生可能エネルギーで賄うことを目指す考え方です。

具体的には、化石燃料や原子力に依存せず、太陽光や水力、風力により発電された電気を使うことを目指します。

海外の企業の間ではRE100への取り組みが日本より進んでいます。例えばアップルは2018年にRE100を達成していますが、IT企業にはRE100に取り組む企業が増えています。

また、アップル社では自社が取り組むだけでなく、サプライヤーに対してもRE100への取り組みを要請しています。

日本国内の大手ではトヨタ自動車がライフサイクル全体でカーボンニュートラルに取り組むことを表明しています。

このように、RE100への取り組みは、欧米のみならず、アジアも含めた世界的な潮流となってきています。

■ 国際イニシアチブにおける相互の関係性

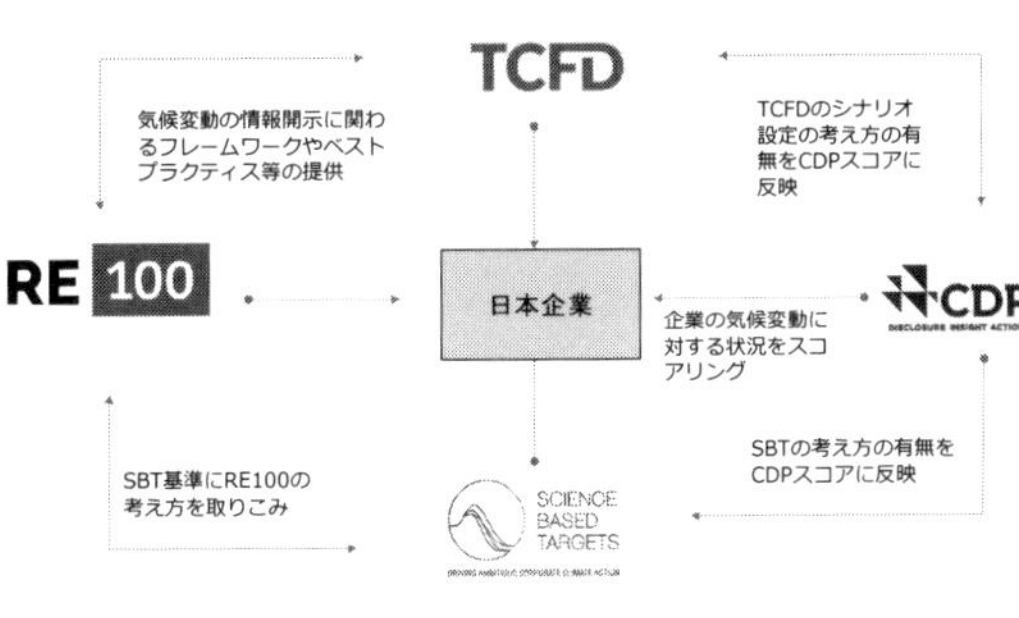

以上のように、幾つものイニシアチブが立ち上げられており、一見、それぞれが個別に活動をしているようにも見えますが、実は全てのイニシアチブが相互に関連し合っていることを認識しておく必要があります。

つまり、いずれか1つのイニシアチブにだけ対応すれば事足りるといったことではなく、全体のバランスを俯瞰しつつ、気候変動リスク対策を推進しておかなければ、対策を進めたつもりがさほど評価されなかった、という期待外れの結果に落胆することになります。

その結果、金融機関や投資家からも支援されない企業になってしまい、さらに気候変動リスクへの対応が難しくなるという経営状態に陥ってしまうかもしれません。

企業は全てに対応できるのか

ここまで経営戦略に気候変動リスクへの対策を盛り込むことの必要性について説明しましたが、同様の説明を私どものもとに相談に来られる企業様にもご説明申し上げると、それではいったいどの基準に対応すれば良いのか、と質問されます。

理想的な答えは、全てに対応することです。いや、どのみち全てに対応せざるを得ませんので、あとは優先順位の話になってきます。

強いて最重視すべき基準を申し上げれば、TCFDとなります。しかしTCFDは結局の所、CDPやSBT、RE100を全て包含する考え方です。

例えばTCFDを推進するためには、SBTで設定される年率4・2%のCO2削減が目標になってくるということです。

では、金融機関や投資家が重視しているのは何か、とも質問されることが多いのですが、それに対する答えはガバナンスです。

ガバナンスが確かな企業でなければ気候変動リスクへの対応は困難です。

■ TCFD（Task Force on Climate-related Financial Disclosure）が開示に求める要素（再掲）

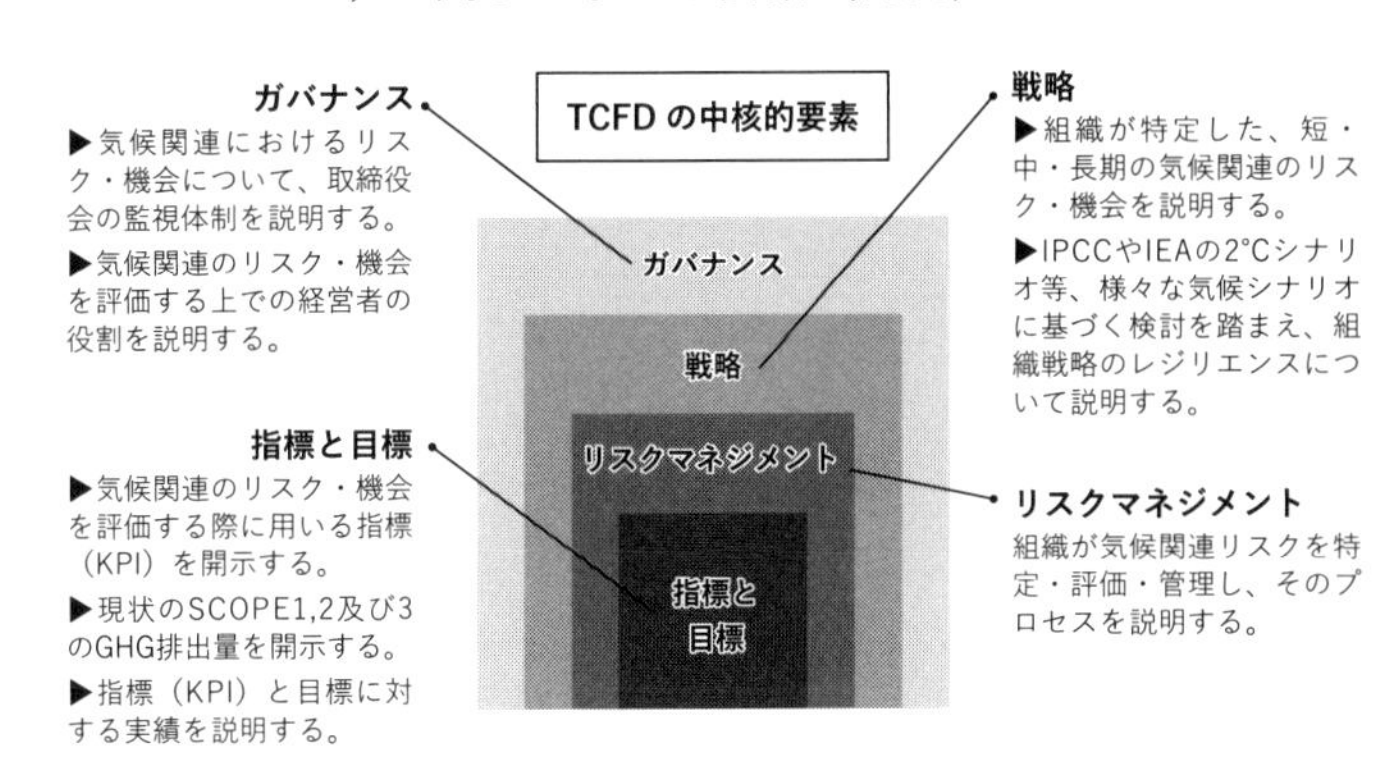

したがって、企業様から「何から手を付ければ良いのか」と尋ねられれば、ＴＣＦＤの中のガバナンスを整備するところから始めてください、とお答えしています。

ディスクローズの自主性

気候変動リスクへの対応を投資家に支持してもらうためには、非財務情報を公開する必要があります。

しかし、気候変動リスクに対する非財務情報の信頼性を得るために、何らかの独立機関の監査を受けるかどうかは企業の自主性に委ねられています。

そのため、公開された情報の信頼性を照明するためには、公開された情報の堅牢さが必要になります。

情報の堅牢さとは、目標値や達成値を、国際的なイニシアチブが提示している指標と関連づけて説明できるかどうかです。

例えばCO_2の排出量が増えた際に、それが管理された上での変化なのか、それとも管理できなかったがために生じた変化なのかを説明できなければなりません。

もちろん、ステークホルダーにとっては、管理された数値であることが説明され、しかも戦略的なリスク管理下で生じた結果であることが説明できていることが望ましいのです。

このように、非財務情報について、ステークホルダーとのコミュニケーションが十分に行われていることが重要になってきます。

大企業の取り組みだけでは終わらない

脱炭素経営について中小企業の方々から、あまりインセンティブは働かないという話を聞く機会があります。脱炭素経営を目指しているのは名のある大企業ばかりで、日本の企業の9割以上を占める中小企業にインセンティブがは働かなければ、気候変動リスクの回避は絵に描いた餅だろうというのです。

しかし、中小企業の方々こそ、脱炭素経営に取り組まなければ、経営戦略上の大きなミスを犯してしまうことに注意が必要です。

確かに投資家や金融機関からの脱炭素経営への直接的な要請は、企業の規模が大きくなるほど強くなります。

　しかし、大企業が脱炭素経営に取り組み始めると、まずはスコープ1や2といった自社が直接制御できるエネルギーに関する取り組みに限られますが、スコープ3に取り組み始めると、カテゴリー1から15に分類されるサプライチェーン、バリューチェーン全体を巻き込んだ取り組みになります。

　この段階に入ると、大企業といえども自社だけでは脱炭素経営を成り立たせることはできずに、仕入れ先や外部協力先の脱炭素への取り組みを評価しなければなりません。

　その結果、サプライヤーに対してもCO2の排出量を下げることを要請するか、それが無理なら既に排出量を下げることに成功しているサプライヤーを選ぶことになります。つまり、取引先企業の見直しが行われるわけです。アップル社がCO2の排出量でサプライヤーを評価しだしたことが有名な例です。

　その多くが中小企業と考えられるサプライヤー側から見れば、自社の脱炭素への取り組み方次第では、取引が打ち切られてしまうというリスクを抱えていることになります。

　見方を変えれば、既に脱炭素に取り組んでいるサプライヤーは、新たな顧客からの取引を求められるチャンスが生じているのです。

■ カーボンニュートラルとは

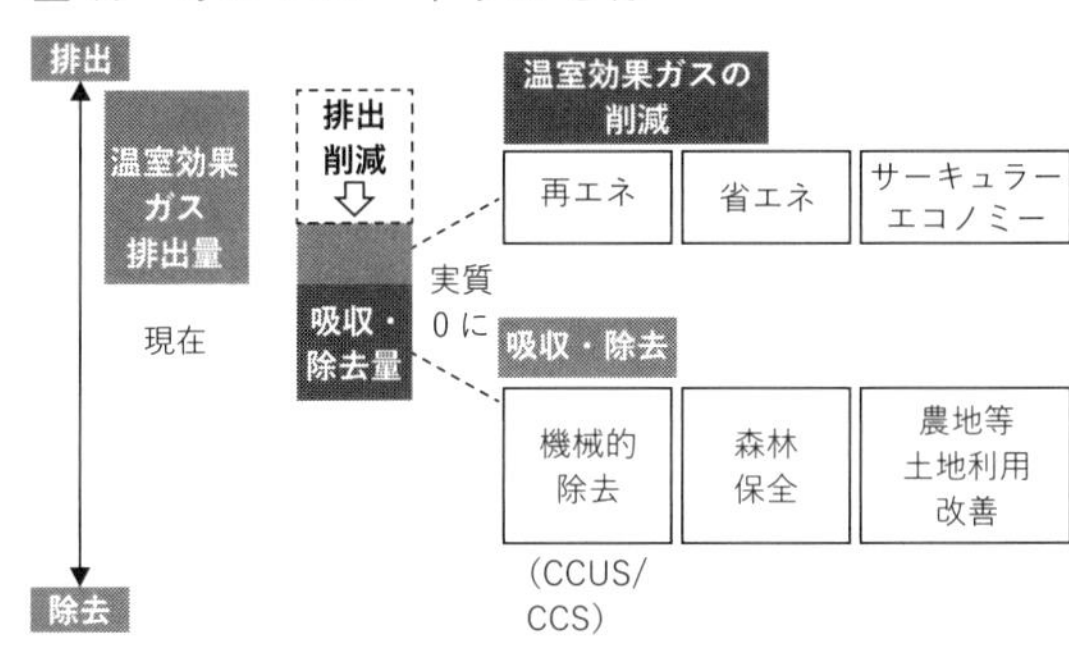

気候変動対策のロードマップ

世界的な潮流として、気候変動に対しては政府や企業、金融機関、そして企業のステークホルダーが一丸となって取り組む仕組みができてきています。

この潮流の中で、企業は具体的にどのような対策を進めれば良いのでしょうか。

企業におけるCO2削減については、ステークホルダーからのプレッシャーが強まっています。しかし、企業が活動をする以上CO2は必ず排出します。

それではこの排出せざるを得ないCO2をどのように削減すればよいのか。

このアプローチは一つではありません。

一つめは、化石燃料の削減です。具体的には、①使用している電気やガスなどのエネルギーを再生可能エネルギーに変えること。

②使用している電力や燃料を削減すること。つまり、さらなる省エネの推進です。そして、使用した資源の再利用といった、サーキュラーエコノミーの推進が挙げられます。

そして二つめは、排出せざるを得なかったCO2を吸収除去する方法です。例えば森林を再生してCO2を吸着させる活動や、CCS（Carbon dioxide Capture and Storage）という、排出したCO2を地中深くに貯留・圧入する方法。そしてCCUS（Carbon dioxide Capture, Utilization and Storage）という方法では、分離・貯留したCO2を利用することが試みられています。

三つめとしてカーボンオフセットがあります。これはどうしても削減できなかったCO2の排出量を、他で行われている温室効果ガスの削減活動に投資することなどで埋め合わせる方法です。

以上の三つのアプローチのいずれか、あるいは組み合わせによりCO2を削減する方法を選択します。

とはいえ、CCSやCCUS、サーキュラーエコノミーの推進は、一般の企業が単独で実施するにはハードルが高くなります。

そのため、一般的な企業が実施する現実的な手段としては、まずは省エネと再エネに取り組むことになりますし、実際にこのアプローチが最も普及しています。

再生可能エネルギーに取り組む意義

省エネについては企業ごとに見直すべき部分がたくさん出てきます。それこそオフィスの無駄な光熱費を抑えることから社用車をガソリン車からハイブリッド車やEVに変えて小型化すること。支社などとの会議や打ち合わせをオンライン化することで社用車の走行距離を縮める。ペーパレス化を促進してコピー機の稼働率を下げるなどです。

それでは再生可能エネルギーは何を使えば良いのでしょうか。

日本では身近なところでは太陽光発電があり、水力発電や風力発電があります。最近では動植物に由来する有機性資源を利用したバイオマス発電が注目されています。バイオマ

■ 再生可能エネルギー

地熱
日本は火山帯に位置するため、地熱利用は戦後早くから注目されていました。現在、東北や九州を中心に展開。総発電電力量はまだ少ないものの、安定して発電ができる純国産エネルギーとして注目されています。

バイオマス
バイオマスとは、動植物などから生まれた生物資源の総称。バイオマス発電では、この生物資源を「直接燃焼」したり「ガス化」するなどして発電します。

その他
太陽熱、地中熱、空気熱、温度差熱の他、大規模水力発電等といった手法があります。

太陽光
太陽光発電は、シリコン半導体などに光が当たると電気が発生する現象を利用し、太陽の光エネルギーを太陽電池（半導体素子）により直接電気に変換する発電方法です。

水力
水資源に恵まれた日本では、発電への利用も昔から盛んで、国内でまかなうことのできる、貴重なエネルギー源となっています。

風力
日本では陸上風力の設置が進んでいますが、導入可能な適地は限定的であることから、大きな導入ポテンシャルを持つ洋上風力発電も検討・計画されています。

ス発電とは、有機性資源を直接燃焼させたり、ガス化して取り出した熱を発電に使用する方法です。
また、日本の資源として注目されているのが地熱発電です。それ以外にも太陽熱や空気熱、温度差を利用した発電への取り組みも進められています。

ここで気をつけなければいけないのは、再生可能エネルギーの導入を進めようとすると、導入自体が目的化されてしまい、本来重視すべき目的を忘れてしまうことです。
再生可能エネルギーを導入する際に忘れてはならないポイントは三つあります。
一つめは、CO2の削減です。再エネの導入を促進し、CO2が削減されることが確実に担保さ

■ 再生可能エネルギー導入に向けて必要な視点・観点

電力料金の削減、リスク抑制

・電力料金は上下に動くため、リスクの抑制施策が必要
・化石燃料由来の電力は地域によって高額な可能性があるため、再エネがコスト削減の手法になる可能性がある

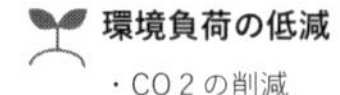

・CO２の削減

サステナビリティ

・再エネの追加的な導入、社会的インパクト

れなくてはなりません。電力会社が提供する電力メニューではどのように再エネを提供しているかが不透明な事例が、特に海外で見受けられますが、確実に再エネを導入し、CO2を削減していることを対外的に明示できるようにする必要があります。二つめは電力料金の削減とリスクの抑制です。再生可能エネルギーは高くつくものだ、と諦めている方が多いのですが、再生可能エネルギーのコストは年々下がってきています。先行している海外では、再生可能エネルギーの方が安いケースが増加してきています。特に風力発電は最も安く、太陽光発電も設備が低価格化したことで、安くなってきています。

この傾向を把握した上で、再生可能エネルギーだから高くつくと諦めずにコスト削減を目指す必要があります。

さらにリスクの抑制です。化石燃料由来の電気の価格はボラティリティが高くなります。特に資源を海外から

輸入している日本では、電気料金が海外の情勢に大きく左右されます。価格が下がる分には問題ありませんが、価格が高騰したときには、一気に財務状態を悪化させてしまいます。

一方、再生可能エネルギーは風力発電にしろ太陽光発電にしろ、一度設置してしまえば燃料価格の変動の影響は受けません。

三つめはサステナビリティです。再生可能エネルギーの採用や設備投資により追加的に再エネ設備を増やすことで、気候変動リスクへの対策に貢献しているというアピールができることです。

一時期、水力発電所の電力から生まれる再エネを購入するサービスが出ていましたが、世界的に見ると、数十年も前に作られた、水力から生まれた証書を使っても、新規の発電所を増やす効果はないものとして、あまり評価される取り組みではありませんでした。

また、その設備が与える負の側面も気にしなくてはなりません。大規模水力は環境や社会（立ち退きなど）に与えるインパクトが大きいのですが、そういった観点も含め再エネを選択する必要があります。

再生可能エネルギーを導入する方法

再生可能エネルギーを導入する方法にもいくつかあります。

最もイメージしやすいのは、オンサイトと呼ばれる手法で、自社の工場の屋根や敷地内に太陽光発電の設備を設置する方法です。

ただ、この方法で得られる電気では、工場で使用する電気の5～10％といった程度しか賄えないことが一般的です。

そこで残りの90％以上の電気についてどうするのかというと、一つは電力会社が提供している再生可能エネルギーのメニューを利用する方法があります。

二つめに、ＰＰＡ（Power Purchase Agreement）という方法があります。これは、自社の敷地や屋根などに、太陽光発電設備の所有と管理を行うＰＰＡ事業者が太陽光発電システムを設置し、発電された電力を自社や他社で購入する仕組みです。ただし、この仕組みは電力会社がどのような再エネを使っているのか、どのように透明性を担保しているかなどチェックをすることを忘れてはなりません。

■ 再生可能エネルギー：四つの手法

グリーン電力証書

特定の再エネ施設から創出された再エネ電力であることをトラッキング・証明するツール

Power Purchase Agreements (PPAs)

特定の再エネ施設と直接電力購入契約を結ぶ手法

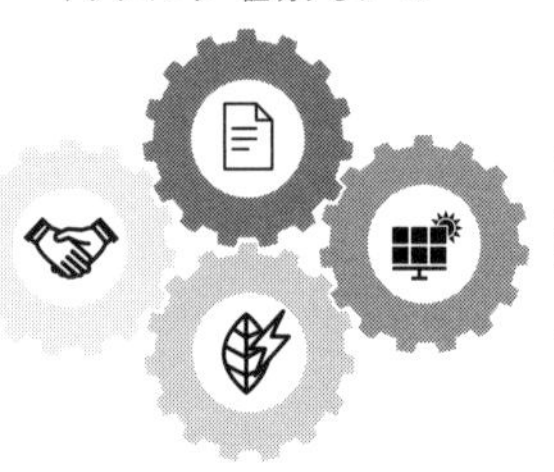

オンサイト

施設の屋根や隣接する土地に再エネ設備を設置し、再エネを直接活用する手法

グリーン料金メニュー

提供する電力をグリーン電力証書で再エネの裏付け等を行い電気と一括で提供する手法

三つめに、グリーン電力証書の利用があります。グリーン電力証書とは、再生可能エネルギーによる電力の環境付加価値を取引可能な証書にした制度です。グリーン電力制度やグリーン証書取引制度などとも呼ばれています。グリーン電力証書を購入することで、間接的に再生可能エネルギーを使用したと認められるのです。

上記は、我々の各種手法に対する評価をまとめたものです。

どのメニューもカーボンフリーな電力であることのアピールは出来ますが、本質的な効果を追求するためには、ＰＰＡやオンサイトといった発電所を新規に導入する手法が望まれます。

■ 弊社が考える各種手法の評価

海外の各手法	グリーン料金メニュー	グリーン電力証書	コーポレートPPAs	オンサイト
カーボンフリーな電力 CO2排出量の削減	花	花	花	花
コスト削減ポテンシャル 電力料金の削減	双葉	双葉	四つ葉	花
電力料金ヘッジ機能 リスク抑制	双葉	双葉	花	四つ葉
追加性 サステナビリティ	双葉	三つ葉	四つ葉	花

双葉：効果が低い

四つ葉：効果が高い

三つ葉：一部限定的

花：効果的

■ 気候変動対策と経営戦略との融合

	物理	移行
リスク	温暖化が進むことにより生じる洪水、干ばつ、熱波等により生じる、御社のビジネスに対するリスクを抑制する	温暖化を抑制するために生じる、CO2価格・エネルギーコスト上昇、規制強化等により生じる、御社のビジネスに対するリスクを抑制する
機会	温暖化が進むことにより生じる洪水、干ばつ、熱波等に対して、新たに生じるビジネスチャンスと捉える	温暖化を抑制するために生じる、CO2価格・エネルギーコスト上昇、規制強化等に対して、新たに生じるビジネスチャンスと捉える

気候変動対策はコストアップなのか

気候変動対策は確かに短期的にはコストアップにつながる場合がありますが、リスクを回避する面では一概にコストアップとは言えません。

むしろ、目先のコストダウンを重視したばかりに、却って大きなコストを生じる可能性を経営戦略に組み込んでおく必要があります。

気候変動を考えるとき、TCFDの2通りのシナリオ分析を前提にします。すなわち、CO2が抑制されて気温の上昇が2℃以内に抑えられた場合と気温の上昇の抑制が間に合わず、4℃上昇してしまった場合です。

もし、気温が4℃まで上昇してしまうと、洪水や干ばつ、熱波などの異常な気象イベントが頻発するリスクが生じます。

このとき、例えば製造業であれば、洪水が起きても分断されないサプライチェーンを構築しておくことや、食品加工業であれば干ばつが生じても原料の確保の安定性が崩れない対策を取っておく必要があります。

同時に、洪水が頻発したときにどのようなサービスや製品を提供できる態勢を整えておくべきか、どのようなニーズに応えることができるのかを検討しておきます。

温暖化を見据えた新しいニーズ：ダイキン等、エアコン業界

ここからは脱炭素経営の例を見ていきましょう。

まずエアコン業界ではダイキン工業の例が注目されています。気候変動リスクに対して、気温が上昇してしまった場合と、気温を上昇させないための対策をビジネスモデルに落とし込んでいます。

まず、気温が上昇した場合の対策として、これを新たな市場開拓と捉えてこれまでエアコンがそれほど普及してこなかった欧州や中国、アフリカ、インドなどへの展開を進めています。

例えばアフリカのタンザニアでは、多くの国民がエアコンを買えるほどの収入がないことを考慮して、リースでエアコンを利用できる仕組みを開発することで、普及を促しています。

欧州に対しては、これまで暖房だけしか考慮してこなかったため、石炭やガスによる集中暖房しか普及していませんでした。しかし近年の気温上昇により冷房へのニーズも生まれてきたことと、脱炭素への意識が高まってきたことを捉えて、ガスと石炭を使わず冷房にも対応したエアコンの普及を促進しています。

このように、ダイキンは今後のエアコン業界の先行モデルとして、気温上昇に伴う脱炭素へのライフスタイルの転換をビジネスチャンスとして捉え、気候変動リスクを好機としてビジネスを展開しています。

つまり、気候変動リスクをビジネスチャンスとして捉えられる準備を怠らない必要があるのです。

既存事業と新規事業と

脱炭素経営を進めるに当たって、二つの観点があります。

一つはステークホルダーの要求に応えて、取引を継続することや、エネルギーコストが上昇するリスクをどのように回避するのかといった守りの観点から。もう一つは、ビジネスチャンスをどのように捉えるのかという攻めの観点からです。

そして、これらの守りや攻めの経営戦略を立てるに当たっては、既存事業をベースに考えなければならない領域と、新規事業を立ち上げることを前提に考えなければならない領域があります。

この二つの観点と二つの領域を組み合わせると、三つのボックスに整理できます。

■ 三つの観点

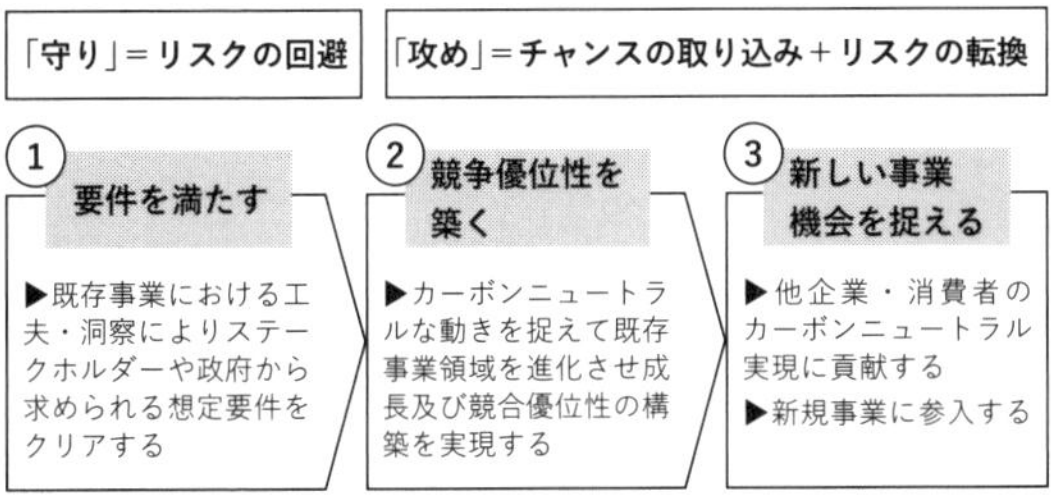

「守り」＝リスクの回避

「攻め」＝チャンスの取り込み＋リスクの転換

① 要件を満たす
▶既存事業における工夫・洞察によりステークホルダーや政府から求められる想定要件をクリアする

② 競争優位性を築く
▶カーボンニュートラルな動きを捉えて既存事業領域を進化させ成長及び競合優位性の構築を実現する

③ 新しい事業機会を捉える
▶他企業・消費者のカーボンニュートラル実現に貢献する
▶新規事業に参入する

■ 要件とは何か

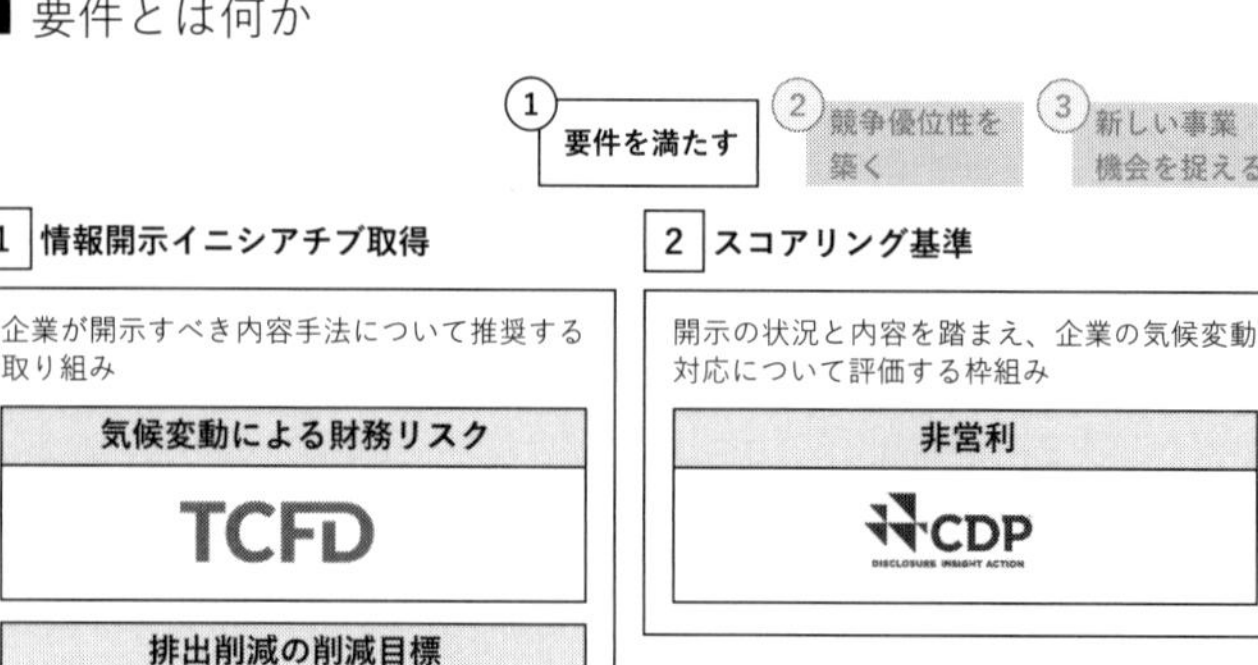

すなわち、一つめはリスクを既存事業で回避するためにどのようにして要件を満たすのか。要件とは、ステークホルダーや政府から要請される想定要件です。

二つめは、既存事業で、どのように競争優位を獲得するのか。

そして三つめは、新規事業を立ち上げることにより、どのようにして事業機会を捉えるのか。

一つめで満たすべき要件とは、グローバルなイニシアチブで求められている要件から考えるのが一般的で、これらの要件を順次取得していくことが望ましいです。

ただし、その中でもどの要件を重視するかを見定めることがスタートになります。このとき、ステークホルダーがどのような枠組みを求めているのかを把握する必要があります。

例えば投資家が必ずしもCO2削減を求めているとは限らず、むしろ新たなビジネス機会を捉えることであったり、ガバナンスの強化であったりするかもしれません。

取引先からは、サプライチェーン上のCO2の削減の一環として、自社にもCO2の削減が求められるかもしれません。

これらの要件の内容を把握した上で、自社は何にコミットするべきなのかを表明する必要があります。

TCFDやSBTに準拠した要件かもしれませんし、それ以外の要件を用意する必要があるかもしれません。


このように要件を固めた上で、具体的な対策を講じます。CO2の排出量を減らすのか、回収するのか、あるいは相殺するのか。

削減しきれなかった分に対しては、カーボンオフセットのような手法を採用することも検討する必要が出てきます。

■ 要件を満たす為のステップ①

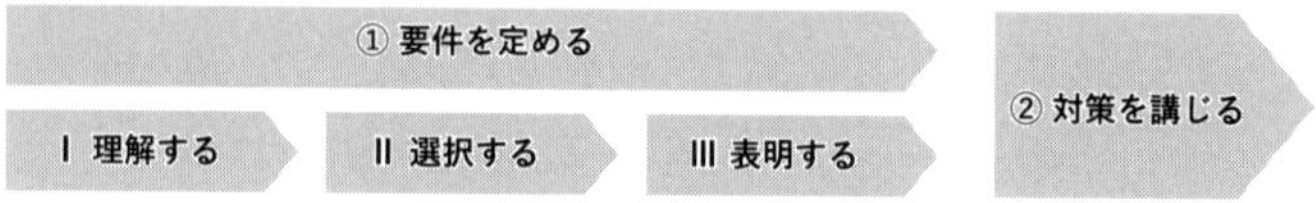

① 要件を定める			② 対策を講じる
Ⅰ 理解する	Ⅱ 選択する	Ⅲ 表明する	
▶どのようなステークホルダーがどの枠組みを求めているのか整理・把握する	▶自社に重要なステークホルダーを見極め、コミットすべき要件を決定	▶有効なコミットとして認められるために必要な手続きを踏む	
▷投資家 ▷取引先 ▷政府	▷気候変動リスクの算定 ▷排出削減	▷参加表明 ▷認定の取得	

■ 要件を満たす為のステップ②

① 要件を定める	② 対策を講じる			
	Ⅰ 正しく把握する	Ⅱ 排出を減らす	Ⅲ 回収する	ⅠⅤ 相殺する
	▶現状のGHGの排出源排出量、今後どう変化するかの見通しの確立	▶現状に基づくビジネスの見直し等による、自社におけるGHG排出量の削減	▶発生したCO_2の回収、固定化による排出量の更なる抑制	▶自社の残存排出量を相殺するための活動を実施
	▷排出源/量の把握主要排出源のマテリアルフロー・エネルギーフローも把握	▷提供オペレーションの見直し ▷必要なエネルギー入手方法見直し ▷提供商品・サービス見直し	▷CO_2の回収 回収したCO_2の再活用	▷排出権の購入 ▷植林によるCO_2吸収

ＢＭＷの取り組みに見る積み重ね

脱炭素の取り組みは、ドラスティックな変革以上に地道な積み重ねが重要である場合があります。例えばＢＭＷはガソリン車からＥＶへの転換に当たり、サプライチェーンの温暖化ガスの排出量を確認したところ、却って増加してしまうことが分かりました。何も対策を施さなければ年間排出量は4トンも増えてしまうというのです。

このことへの対策として同社が取り組んだのは、サプライヤー7万社と協力して一つ一つできることを探ったことでした。リサイクル素材の使用率を30〜50％に高めたり、塗装をやめてアルマイト加工で仕上げる。ハンドルの素材に木粉を使う。溶剤や接着剤の代わりに分解しやすい素材のファスナーを使う。

２０２１年に発表されたコンセプトカー「ビジョン・サーキュラー」では、ロゴさえ刻印にすることでプラスチックの使用量を減らしています。また、工場の組み立てラインでは空圧機器を電気式に換えてエネルギー消費量を減らし、部品生産から出るアルミの端材を新たな部品にリサイクルするなどの積み重ねを行っています。

結局、同社が示しているのは、脱炭素経営は画期的な変化によりドラスティックに行われるだけではなく、全ての現場における改善の積み重ねも必要だということです。

競争優位性を築く

既存事業でカーボンニュートラルを推進するには二つの観点があります。

一つは製品やサービスのカーボンニュートラル化です。例えばエネルギーを再生可能エネルギーにして脱炭素化を進めると同時に原材料を見直すなどが考えられます。

二つめはＤＸを進めることによるカーボンニュートラル化です。例えば顧客接点や製品・サービスの提供プロセスをデジタル化することで効率化を図り、ＣＯ２の排出を抑えるなどです。

ＤＸは社内の業務も効率化することでＣＯ２の排出を抑えることができます。例えば支

■ 既存事業における競争優位の捉え方

①要件を満たす　②競争優位性を築く　③新しい事業機会を捉える

競争優位を築く観点	内容
①製品・サービスのカーボンニュートラル化	・エネルギー源の脱炭素化、原材料の見直し、提供プロセスの見直しによる、商品・サービスのカーボンニュートラルの実現
②カーボンニュートラルを意識したデジタルトランスフォーメーション	・顧客接点／提供プロセスのデジタル化によるプロセス効率化・高度化によるカーボン・ニュートラルの実現 ・上記ソリューションの提供による収益化

社との会議をオンラインにしたり、ペーパレス化したりするなどです。

特に二つめのＤＸの推進は、業務効率による収益力の強化にもつながります。

また、顧客接点や提供プロセスのデジタル化で競争優位性を高め、より選ばれる製品やサービスを生み出すことが求められています。

このような観点から既存事業のカーボンニュートラルを軸に競争優位性を築く必要があります。

新しい事業機会をとらえる

脱炭素を目指すと、事業規模を縮小させてしまうのではないかという危惧を持ってしまいますが、実は新しいビジネスチャンスと捉えることもできます。

つまり、CO2の排出量を下げながらも、売上を伸ばすという、一見相反するようなことを両立させることを目指すのです。

具体的には、既存の排出量が多い事業から、脱炭素も実現に貢献できる事業にポートフォリオを変換していくことにより、自社の脱炭素の実現と利益率の向上の一石二鳥を目指すことができます。

例えば国内の例ですと、明電舎社の例があります。

同社は重機機器のメーカーですが、インフラに携わる製品を製造していることからCO2を多く排出する事業を行ってきました。

■ 国内事例：明電舎

前提と取り組み内容

・発電関連機器の社会インフラ、各種産業機器を製造する重機機器メーカー

・Scope3の大部分をカテゴリ11が占める発電関連機器の社会インフラ、各種産業機器を製造する重機機器メーカー

事業ポートフォリオを変更、GHG排出量の少ない事業の比率を高める

▶電気自動車の分野、顧客の排出量削減支援サービスを強化

今回の変化を自社の成長エンジンとする

▶強化する事業は2030年に向けて需要拡大が想定されるもの

（イメージ）事業ポートフォリオ変革による排出削減

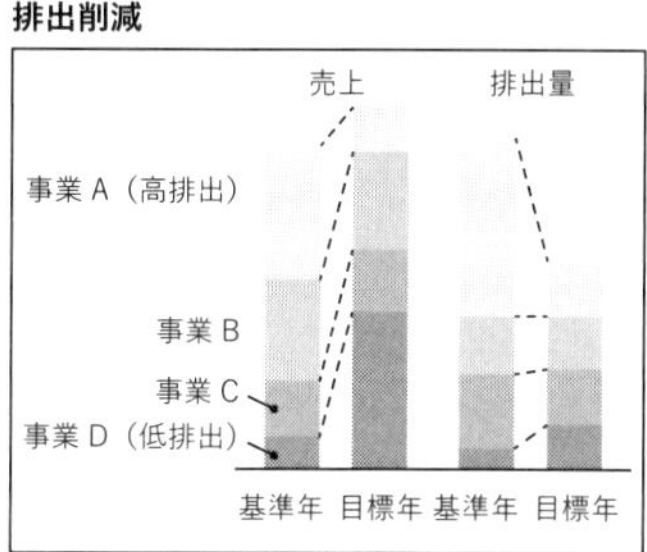

ところがポートフォリオを変更してCO2の高排出事業を減らして、低排出事業に切り替えてきました。このことで、却って売上を伸ばしています。

そして現在も、サプライチェーン全体における排出量削減に取り組んでいます。

そしてもう一つの例として、デンマークのオーステッド社があります。元はガス会社でしたが、早くから再生可能エネルギー事業にシフトすることで、気候変動リスク対策をビジネスチャンスと捉えていました。ガス事業から風力発電事業に切り替えることで、劇的にCO2を削減しつつ、売上も伸ばしています。

しかも、気候変動リスクへの取り組みが評価されて、株価も上昇しました。

オーステッドがこのようなポートフォリオの劇的な転換

■ 海外事例：オーステッド事業
（ポートフォリオを変更前後の比較）

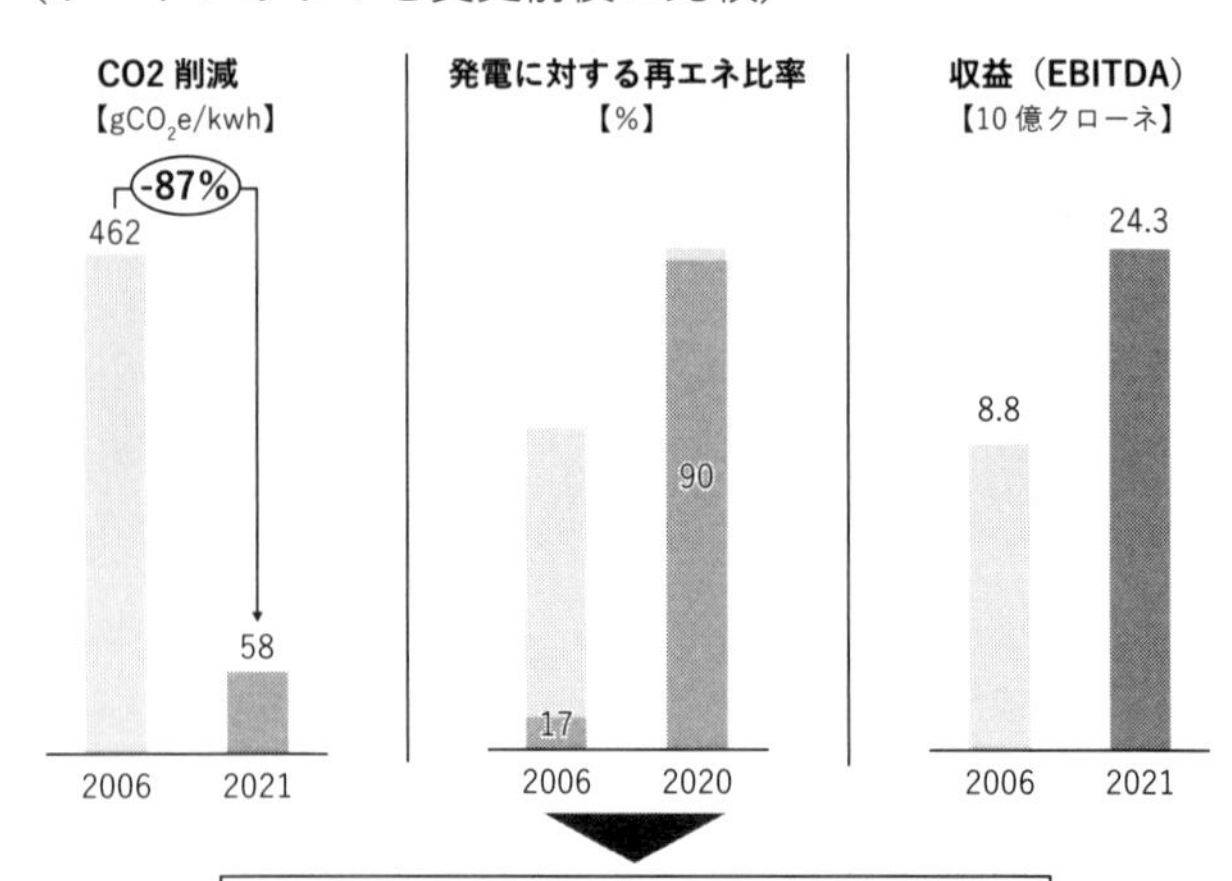

他のオイルメジャーが企業価値の消失に苦しむ中、株価も2016年末の267クローネから2020年末には1,243クローネまで上げています。

が出来たのは、既存のガス事業がまだ高値で売却が出来たということがポイントとしてあります。22年末の時点で再度ガス・オイルメジャーは過去最高益を更新するケースが増えていますが、適切に潮流を読み、他の企業が気づいていない段階で、ポートフォリオを組み替えることに成功しました。

同社は、気候変動リスク対策をビジネスチャンスにした代表的な例と言えます。

このように、気候変動リスク対策を経営負担や経営リスクとして捉えるのではなく、あらたな競争優位性を獲得するためのビジネスチャンスとして捉えることが、これからの経営に求められているのです。

脱炭素に向けたポートフォリオ組み替え：マグナインターナショナル

既にデンマークの電力会社であるオーステッド社が石油・石炭事業から再生可能エネルギー事業にビジネスモデルを転換させた例を紹介しましたが、ここでは自動車部品メーカーのマグナ・インターナショナルについて紹介します。

自動車産業は今、内燃機関を動力とするガソリン車やディーゼル車からEVへのシフトを迫られており、脱炭素社会で最も注目されている産業の一つです。

当然、自動車メーカーを支えている部品メーカーにもEVシフトや脱炭素化の圧力が掛かっています。

その中で、グローバルにビジネスを展開しているカナダの自動車部品メーカーマグナ・インターナショナルは、積極的にEVシフトを行い成功している例といえます。

同社は2020年の世界の自動車部品業界のシェアランキングでは7位となっていますが、各社のシェアはいつ順位が変わるか油断できないほどに接戦です。ちなみに1位から5位までは順に、ボッシュ6・74%、デンソー6・19%、コンチネンタル4・48%、ZF4・43%、現代モービス4・35%、6位アイシン4・28%、そしてマグナ・インターナショナルが3・69%です。（※1）

マグナ・インターナショナルの凄みは、その品揃えの豊富さです。マグナの製品を使えば自動車が1台造れるといわれるほどです。

納品先もビッグスリーやBMWの大手で、現在は日本の自動車メーカーとの取引も拡大させています。

同社は自動車産業の脱炭素化に対応すべく、部品メーカーとして思い切ったEVシフトを進めています。例えば2021年3月にも電動小型商用車向け駆動システム「eBEAM」を開発したことを発表しました。この製品は、電動モーターと足回りを一体化したシステムで、自動車メーカーが独自のサスペンションやシャシーを使用しなくても、既存のプラットフォームに統合できるとし、電動トラックの開発期簡短縮に役立つとしています。（※2）

このように、従来の内燃機関向け部品の開発・製造に拘ることなく、積極的にＥＶ市場に踏み込んでいく姿勢は、投資家やステークホルダーにも高く評価されるでしょう。

※１　ディールラボ『自動車部品業界の世界シェアと市場規模と再編』(https://deallab.info/auto-components/)

※２　日刊自動車新聞電子版『マグナ、小型商用車向け電動車用駆動システム開発ＥＶトラックの開発期間短縮』（https://www.netdenjd.com/articles/-/２４６５６６）

Chapter 02

なぜ、御社が脱炭素に取り組まなければならないのか

ある日突然の事態に慌てないように

本書は地球温暖化に関する科学的な議論をテーマにしていません。地球温暖化が本当にこのまま進むのか。温暖化が進んでいるのだとしたら、それは本当に人的に発生したCO2を原因としているのか。この辺りの議論は、科学者たちのさらなる議論に任せたいと考えます。

本書で取り上げるのは、既に世界の潮流が気候変動リスクを避けるべく、環境に配慮した経済活動を行うことを目指すことです。特に投資・金融業界が、融資先の企業を気候変動リスクへの対応状況で評価し始めたことは軽視できません。

そのため、私のもとに相談に来られる企業の方々は、既に脱炭素経営の必然性を理解した上で、どのように手を打つべきかという段階にあります。経営者であれば、脱炭素への取り組みについて取引先からの要請があったとか、金融機関からの問い合わせがあったなど、かなり切羽詰まった状態の場合もあります。

一方、脱炭素経営への取り組みを任された担当者からは、カーボンニュートラルを目指

Q.「カーボンニュートラル」「脱炭素」という言葉をどの程度ご存知ですか。

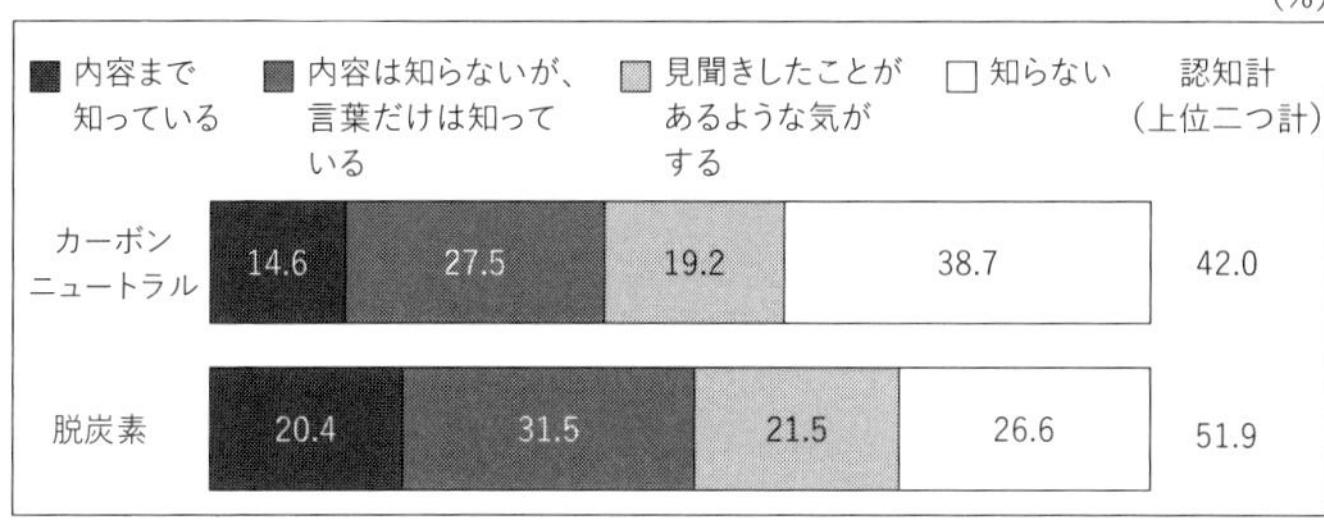

出典：『電通、2050年の脱炭素社会を見据え第１回「カーボンニュートラルに関する生活者調査」を実施』（https://www.dentsu.co.jp/news/release/pdf-cms/2021032-0609.pdf）

すように言われたが、何から手を付ければ良いのか分からない、といった困惑した状態で相談を持ちかけられます。

ですから、本書を手に取られた方の中に、まだうちは関係なさそうだけど知識は入れておこうか、という状況であれば、注意した方が良いでしょう。ある日突然、取引先や金融機関から、「気候変動やカーボンニュートラル対して、何かしていますか？」と尋ねられて、慌てることになるかもしれません。

もっとも、本書に興味を持たれた方は既に脱炭素経営に注目されている時点で優位な立ち位置にあると言えます。電通の調査では、「カーボンニュートラル」について知っている人はまだ14・6％で、「脱炭素」について知っている人は20・4％にとどまっています。

本書を読まれることで、取引先や融資元、あるいは企業のトップや上司から「カーボンニュートラル」や「脱炭素経営」について尋ねられても、慌てないで済むでしょう。

株主からの脱炭素経営への圧力

脱炭素経営への取り組みは、株主にとっても大きな関心事となっています。

その最も明確な動きとして、CA100+について説明しておきます。

CA100+は「Climate Action 100+」の略称で、PRI（国連責任投資原則）と運用機関、アセットオーナーによる投資家グループで、気候変動リスクを回避するために温室効果ガスの排出量削減を目指して企業に働きかけています。

CA100+に加盟する団体の運用資産総額は47兆ドルを超え、企業に対する発言力は大きなもので、世界で環境に悪影響を与えている代表的な企業100社+61社の取締役会議長と最高経営責任者（CEO）に対して温室効果ガスの排出量の科学的な削減目標を達成するための戦略を策定することを求める書簡を送っています。

また、2021年3月には、100社+67社のカーボンニュートラルへの取り組み状況を評価する「Climate Action 100+ ネットゼロ企業ベンチマーク」の分析結果を発表しています。

CA100+には日本の企業10社（ダイキン工業、日立製作所、本田技研工業、ENEOSホールディングス、日本製鉄、日産自動車、パナソニック、スズキ、東レ、トヨタ自動車）も含まれています。


ここで、この動きと関連した米石油大手のエクソンモービルの例を紹介します。

同社は2021年5月26日に定期株主総会を開きました。このとき、取締役12人の内8人は再任されましたが、2人は投資会社であるエンジン・ナンバーワンが推薦した2人が加わったのです。同社の定款では株主投票で上位の12人が就任することになっていますから、押し出された取締役は解任となります。

ここで注目されたのは、推薦されて新たに取締役に加わった2人を推薦したのが、脱炭素などの気候変動リスク対策を求めていた株主だということです。推薦者であるエンジン・ナンバーワンが保有するエクソンモービルの株は僅か0・02％に過ぎませんでした。しかし、脱炭素経営に賛同する資産運用最大手でエクソンモービル株約6％を保有する米ブラックロックも賛成に回るなど、他の株主が賛同することで取締役の人事に影響を与えることができたのです。株主が脱炭素経営を求めれば、経営陣も交代させられる時代になったわけです。

奇しくも同日、オランダの裁判所がオランダとイギリスの石油会社であるロイヤル・ダッチ・シェルに対してCO2の排出量を大幅に削減することを命じる判決を下しています。

ブラックロックとアセットマネジメントは、PRIに加盟している年金基金等のアセットオーナーの意向に反すると、年金基金が持つ莫大な資産の運用を代行する会社から外されてしまうため、CA100＋といったPRIの動きに賛同せざるを得ないのです。

このような脱炭素への投資家からの圧力は日本の企業にも向けられています。

2021年6月7日、AIGCC（Asia Investor Group on Climate Change）というアジアの投資家グループが、中部電力とJパワーを含むアジアの電力会社5社に対してC

O2の排出量削減を要請しました。

AIGCCは、三井住友トラスト・アセットマネジメントやJ・P・モルガン等を含む13の機関投資家で構成される気候変動に対応するための団体です。同時に、気候変動に対する世界規模の投資家団体であるGIC（Global Investor Coalition on Climate Change）の一員でもあります。

したがって同団体の要請には力があります。機関投資家の立場から、気候変動に対応していない事への取締役会などへの責任を追及し、ガバナンスの強化に対する圧力をかけたことになります。

銀行からの要請

株主からの圧力と言っても、間接金融の影響力が強い日本においては、欧米に比べるとそれほど影響は大きくないかもしれません。しかし、その銀行も既にネットゼロに向けた取り組みや働きかけを始めています。

ネットゼロバンキングアライアンス（以下、NZBA）は、Glasgow Financial Alliance for Net Zero[1]（GFANZ）の一部として、2021年4月に世界43の銀行で発足した、国連環境計画金融イニシアチブ（UNEP-FI）が主催するアライアンスです。なお、NZBA以外にも、「ネットゼロ・アセットマネジャー（NZAM）イニシアチブ」、「ネットゼロ・アセットオーナー連合（NZAOA）」、「ネットゼロ・保険連合（NZIA）」が立ち上げられております。

2022年9月時点で41か国116銀行が参加しており、その資産総額は70兆USDに達しています。日本からは三菱UFJフィナンシャルグループ、野村ホールディングス、みずほフィナンシャルグループ、三井住友フィナンシャルグループ、及び、三井住友トラスト・ホールディングスの五つのグループが参加しております。

ＮＺＢＡは、科学的根拠に基づく温室効果ガス（以下 ＧＨＧ）排出量削減の中長期目標の設定やそれに対する進捗の開示等を通じて、２０５０年までに投融資ポートフォリオにおけるＧＨＧ排出量ネットゼロを目指すことをコミットしております。具体的には、銀行の取引先スコープ１、２、３を算定し、それをゼロにしていくことを意味します。そして、少なくとも２０３０年（もしくはそれ以前）と２０５０年の目標を設定し、中間目標は当初の中間目標から5年ごとに設定して見直していく必要があるため、銀行は投融資先への継続的な働きかけが必要な仕組みとなっています。また、ＮＺＢＡ加盟後、18か月以内に、農業、アルミ、セメント、石炭、商業用不動産・住宅、鉄鋼、石油・ガス、発電、運輸セクターの一つについて当初目標を設定し、残りのセクターについては36か月以内の目標設定が求められています。

次の図は、邦銀でも最初の加盟行であり、ステアリンググループのメンバーである三菱ＵＦＪフィナンシャルグループ（以下、ＭＵＦＧ）の目標です。

■MUFGの電力／石油・ガスセクターの脱炭素化に向けたマイルストーン

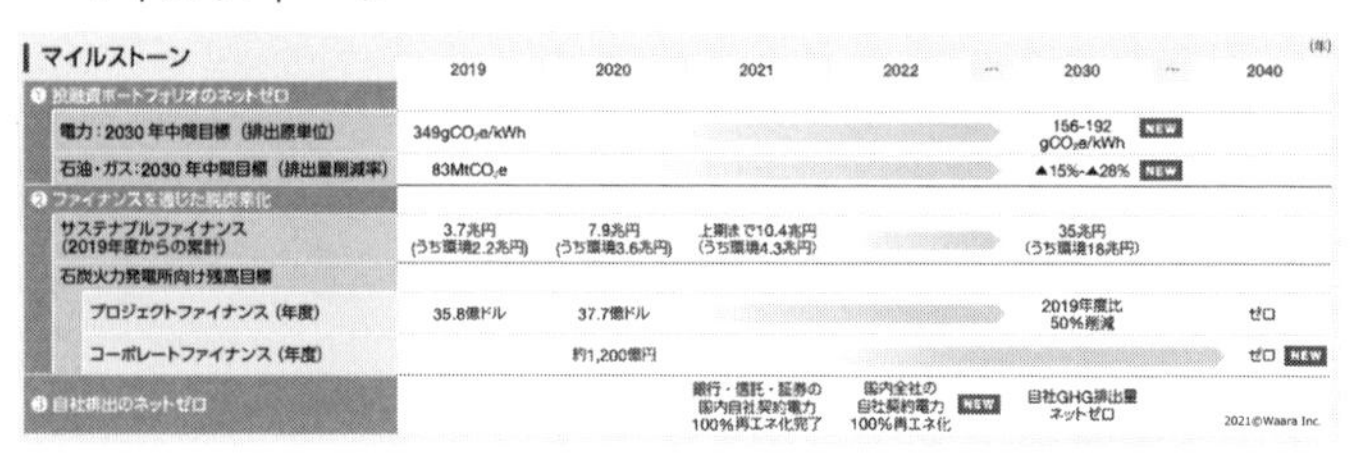

ＭＵＦＧは電力、石油・ガスの２つのセクターから着手を進めています。ここで注目なのが、電力業界に求める156-192gCO2e/kWhという数値です。詳しい計算式はここでは省略しますが、この数値は国が求める２０３０年度の非化石電源比率44％以上という数字を超える目標を定めているということを意味しています。つまり、国以上に民間金融機関の方が厳しい要請を今後企業にかけていき、この目標を実現できない場合には、銀行からの融資が受けられなくなるという事態が生じ、事業継続上の大きなリスクになることを意味することになります。

これが電力、石油・ガスセクター以外の業界にも広がっていくのです。

銀行は企業のＣＯ２の排出量をＰＣＡＦ（Partnership for Carbon Accounting Financials）の基準をもとに評価していま

■ PCAF参加企業（例）

す。PCAFは融資や投資を通じて温室効果ガスの排出量を算定する枠組みで、特に金融機関が持つ資産をCO2に換算することを行っているイニシアチブです。

このイニシアチブは、前述のCDPやSBTiといった他のイニシアチブとも連携しており、一般企業に求めるディスクロージャーやCO2削減と同じ観点で金融機関に対しても投融資先のCO2排出量の評価を求めているのです。

よって、企業としてはCDPなどに求められる開示内容に従い、投資家以外にも銀行に対してもその達成状況をアピールしていくことが、財務戦略を検討していくうえで、非常に重要になっているのです。

サプライヤーとして生き残れるのか

脱炭素経営を目指すことに対し、投資家からの圧力がある例として大企業の例を挙げましたが、取引先からの要請となると、企業の規模に関係なく、ある日突然対応を迫られる可能性があります。特に、サプライヤーである企業は今からでも準備を始めることを推奨します。

ここでは米アップルとトヨタ自動車の例を挙げてみましょう。

２０２１年３月31日、米アップルは１１０社を超える同社のサプライヤーが、同社に供給する製品の製造を再生可能エネルギーで賄うことを表明したと発表しました。これは同社がかねてから取引条件に環境対策を重視していたことに、サプライヤーが対応したものです。

サプライヤーの中でも有名な企業を挙げると、日本の村田製作所やツジデン、日本電産、ソニーセミコンダクタソリューションズ、台湾の鴻海（ホンハイ）精密工業や台湾積体電路製造（ＴＳＭＣ）などがあります。

これほど多くのサプライヤーが再生可能エネルギーの使用に舵を切った以上、他のサプライヤーも追随は必須で、むしろ追随できなければ、再生可能エネルギーに切り替えることができた他の取引先と交代させられてしまう可能性もあります。

実際に、私の感覚では当初一部のサプライヤーに対する要請だったものが、2020年時点でほとんどのサプライヤーに広がっている印象があります。今後は2次請けへの要請に深化していくことも考えられます。

次にトヨタ自動車の例を見てみましょう。

2021年6月に報じられたところによりますと、トヨタ自動車は主要な取引先300〜400社に対して、2021年のCO_2の排出量を前年に対して3％削減することを要請しました。

この話のインパクトは、トヨタが要請した取引先は1次取引先です。しかし1次取引先は各々2次、3次と取引先を持っています。1次取引先がCO_2の排出量を削減するためには、各々が調達している部品や素材を供給している2次、3次の取引先がCO_2の排出量を削減できなければなりません。

つまり、ある大手企業が脱炭素経営に舵を切れば、その企業に関わるサプライチェーン全体に影響を及ぼすのです。

国や地域の取り決めに注意

取引先が脱炭素経営を目指すと、そこに部品や素材を提供している企業も脱炭素経営を目指さざるを得なくなる話をしました。

それなら、取引先が脱炭素経営を目指すまでは慌てなくてもよいのかというとそうとも言えません。

それは、一企業が基準を決めなくても、国や地域で取り決められた気候変動対策への取り組み状況で企業が評価されてしまう時代になってきたためです。

最も注目されているのは「ＥＵタクソノミー」です。ＥＵタクソノミーとは、パリ協定とＳＤＧｓを達成するために、環境への貢献度が高い企業に投資を促すための仕組みです。タクソノミーとは分類法を意味し、ＥＵタクソノミーでは投資や融資に適した持続可能な経済活動に取り組む産業や業種を仕分けする体系とも言えます。

したがって、様々な業界の基準が設けられています。例えば自動車はＥＶでなければならないなどです。

つまり、欧州に輸出される製品や部品・素材などは、たとえ取引先からの個々の要請がなくても、EUタクソノミーで適格だと判断される基準を満たしていなければならないわけです。

例えばEV用のバッテリーを欧州の自動車メーカーに供給しようとしたら、そのバッテリーが製造される過程でどのくらいCO2を排出しているのかを明らかにしなければなりません。その結果、基準（この場合、EU新電池規則案）を満たしていなければ、製品として受け入れられなくなります。

逆に言えば、その基準を満たしていれば別の企業にとっては新規参入するチャンスを得られるわけです。

自然の回復と経済の発展を両立させる

ところで世界では気候変動リスクについて懐疑的な人たちもいます。

既に「序章」で脱炭素経営は一時的なブームではないことを説明しました。したがって、たとえ科学的な根拠に基づいた懐疑論が出ているとしても、世界の大きな潮流を変えることは難しいでしょう。

それでも、温暖化が進んだところで特に問題はないのではないか。むしろメリットの方が多いのではないか、といった意見も出ています。

そこでもう一つ、温暖化の次に注目されている生物多様性についての動きを紹介します。

TCFD（気候関連財務情報開示タスクフォース）が気候変動に即した財務情報を開示することを呼びかけたことに対し、生物多様性に即した情報開示の標準化を検討するイニシアチブとして発足したのがTNFDです。TNFDは「Task Force for Nature-Related Financial Disclosure」の略で、自然関連財務情報開示タスクフォースと訳されます。

TNFDは国連環境計画金融イニシアチブ（UNEP FI）、国連開発計画（UNDP）、世界自然保護基金（WWF）、グローバル・キャノピーの4機関により発足され、非公式ワーキンググループ（IWG）を立ち上げています。ワーキンググループにはアクサ、BNPパリバ、ラボバンク、スタンダード・チャータード、ファーストランド・グループ、DBS、ストアブランド・アセット・マネジメント、イエス・バンク、国際金融公社、

■ TNFDの提起する、自然の四つの領域

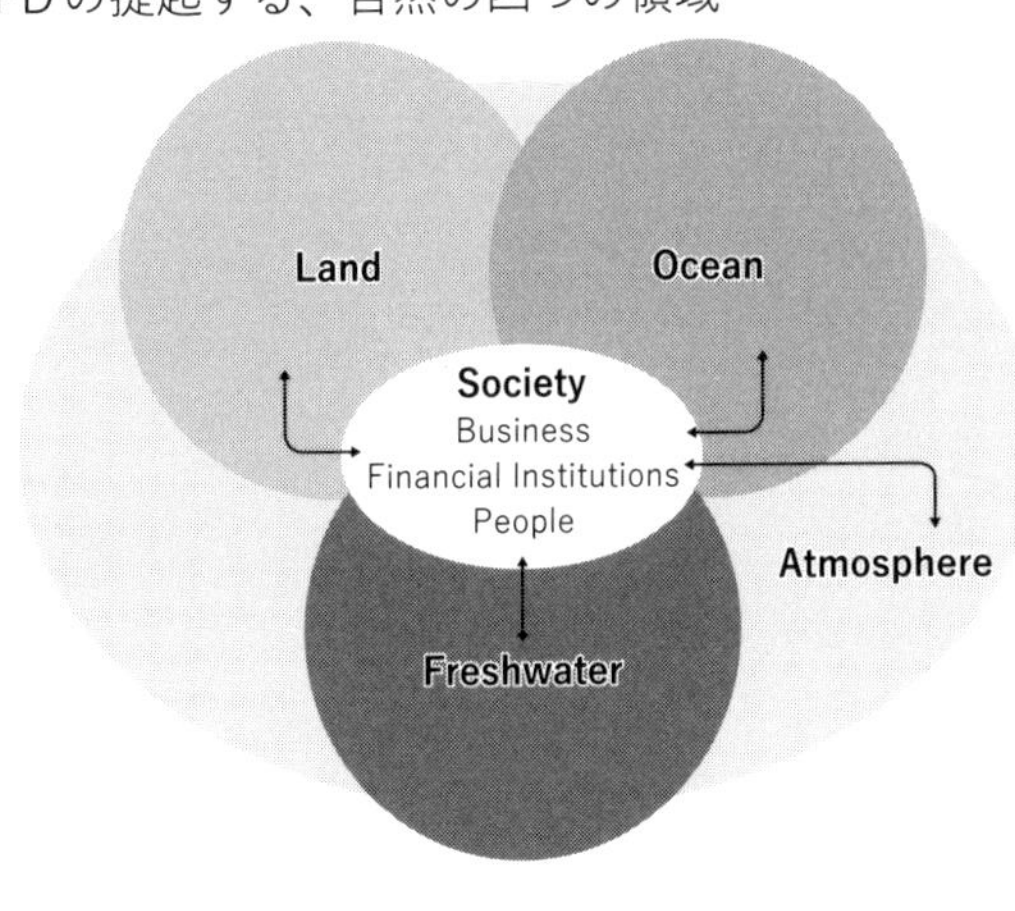

世界銀行が参画しています。

世界経済フォーラムによれば、世界のGDPの半分に相当する44兆ドルの経済的価値の創出は、自然の資本に依存しているといいます。（※3）

そこで生物の多様性に対しても企業がすべきことがあるとして、具体的な指針を示すべく、TNFDが発足したのです。

同フォーラムはまた、生物多様性の喪失を防ぐべく積極的に行動することで、2030年までに年間10・1兆ドルのビジネス価値を創出し、3億9500万人の雇用を生み出す可能性があるとしています。（※4）

これらのことを踏まえて、TNFDは生物多様性に即した企業活動を開示することで、自然にとってマイナスとなる資金の流れを減らし、自然

の回復と経済の発展を両立させようとしています。

ＴＮＦＤは２０２１年に発足したばかりですが、２０２２年末までには自然と生物多様性に関連する企業活動を開示するためのフレームワークとガイドラインの発行を目指しています。

今後は気候変動リスクと同じように、生物多様性に関する開示が投資判断の材料となることが世界の潮流となるでしょう。私たちが脱炭素経営を目指す際には、このような生物多様性や自然の回復と経済の発展を両立させようという世界の動きにも注意を向けておく必要があります。

※３ World Economic Forum『Nature Risk Rising: Why the Crisis Engulfing Nature Matters for Business and the Economy』(http://www3.weforum.org/docs/WEF_New_Nature_Economy_Report_２０２０.pdf)

※４『New Nature Economy Report II: The Future Of Nature And Business | World Economic Forum』(https://www.weforum.org/reports/new-nature-economy-report-ii-the-future-of-nature-and-business)

問題は温暖化だけではない

温暖化には問題はない、という意見に対して、生物多様性の重要性が注目されていることを紹介しました。

温暖化と関連する生物多様の問題として懸念されているのが、海洋の問題です。

気候変動に関しては、どのように変動していくのかを予測することは難しい状態にあります。それは、気候変動に影響を与える変数が多すぎるためです。CO2は変数の中の一つでしかありません。

また、大気中のCO2の増加は、ある程度海洋が吸収することで緩衝されている面があります。

ところが、海洋がCO2を吸収すると、別の問題があることが注目され始めました。それは、CO2を吸収するほど海洋が酸性化することです。海洋の酸性化が進むと、例えば魚類の骨が形成されなくなるなど、海洋生物に影響を与えることが分かってきました。

さらに、感染症が発生するリスクもあります。

2019年末に発生した新型コロナウイルス感染症（COVID-19）は、瞬く間に世界中に広がり、本稿執筆時点（22年末）においてもまだ人々の生活に影響を与え続けています。同感染症は、一般的には中華人民共和国湖北省・武漢市から拡大したと考えられていますが、他にも説があり、正確なところは分かっていないようです。

この新型コロナウイルス感染症は分かりませんが、感染症と気候変動リスクとは深い関係があるといわれています。

例えば温暖化が進み永久凍土が溶けると、そこに封じ込められていた凄まじい種類のウイルスや細菌が放出され、感染症をもたらす可能性があるといわれています。実際、ロシア北東部の永久凍土から「モリウイルス」という新種のウイルスを発見していますし、（※5）中国チベット高原北西部の氷河から採取された氷床コアからは33種類のウイルス（内22種は未知）が発見されています。（※6）

環境省も『地球温暖化と感染症　いま、何がわかっているのか？』というパンフレットで、温暖化により感染症の媒介動物などの生息域や活動が拡大することで、マラリアやデング熱などの動物媒介性感染症が発生しやすくなることなどを紹介しています。（※7）

気候変動によるリスクには様々なことが予測されていますが、前述のような感染症のリスクについては、新型コロナウイルスの感染流行を目の当たりにした今、非常に想像しやすいのではないかと思い紹介しました。

※5 『融解した永久凍土から「3万年前のウイルス」発見｜WIRED.jp』
(https://wired.jp/2015/09/12/ancient-virus/)

※6 『温暖化で溶ける氷、蘇る病原体……パンデミックの危険性は？｜NewSphere』
(https://newsphere.jp/national/melting-ice/)

※7 環境省『地球温暖化の感染症に係わる影響に関する懇談会　地球温暖化と感染症　いま、何がわかっているのか？』(https://www.env.go.jp/earth/ondanka/pamph_infection/full.pdf)

まだまだ割高なCO2貯留

CO2排出を削減する努力に対し、企業活動や経済活動を萎縮させるものであり、現実的ではないという主張もあります。

このような主張を支えているのは、CO2の排出をゼロにしなくても大気中のCO2の増加を抑える技術を活用するという考え方です。確かに輩出してしまったCO2を貯留するCCSやCCUSという技術があります。

CCSは「Carbon dioxide Capture and Storage」の略で、「CO2回収・貯留技術」と訳されます。特に火力発電所や化学工場などから排出されたCO2を深い地中の層に押し込んで貯留する技術です。

CCSを実現するためには、大量のCO2を貯留できる地層を見つける必要があります。日本でも経済産業省と環境省が共同で適した地層を調査する事業を進めています。

CO2を貯留できる地層とは、主に砂岩でできた地層で、砂粒の隙間が塩水で満たされています。この層の上部にはCO2を通さない地層が必要です。

このような地層にCO2を圧入すると、CO2は大気に放出されません。長い年月をかけて、塩水に溶け込んだり、鉱物に変化すると考えられています。

しかしこのような方法で大気中のCO2の増加を防げるのだろうか、と疑う人も多いでしょう。

IPCCの報告では、全世界のCCSのポテンシャルは約2兆トンだと言います。この量は、実に現在の排出量の63年分に相当するのです。

気候変動対策とCCS

- 全世界のCCSの技術ポテンシャルは約2兆トン（現在の排出量の63年分相当）
（IPCC「CCSに関する特別報告書」）
- 2050年における排出削減量の13%はCCSにより達成すると評価
（IEA「エネルギー技術展望2015」）

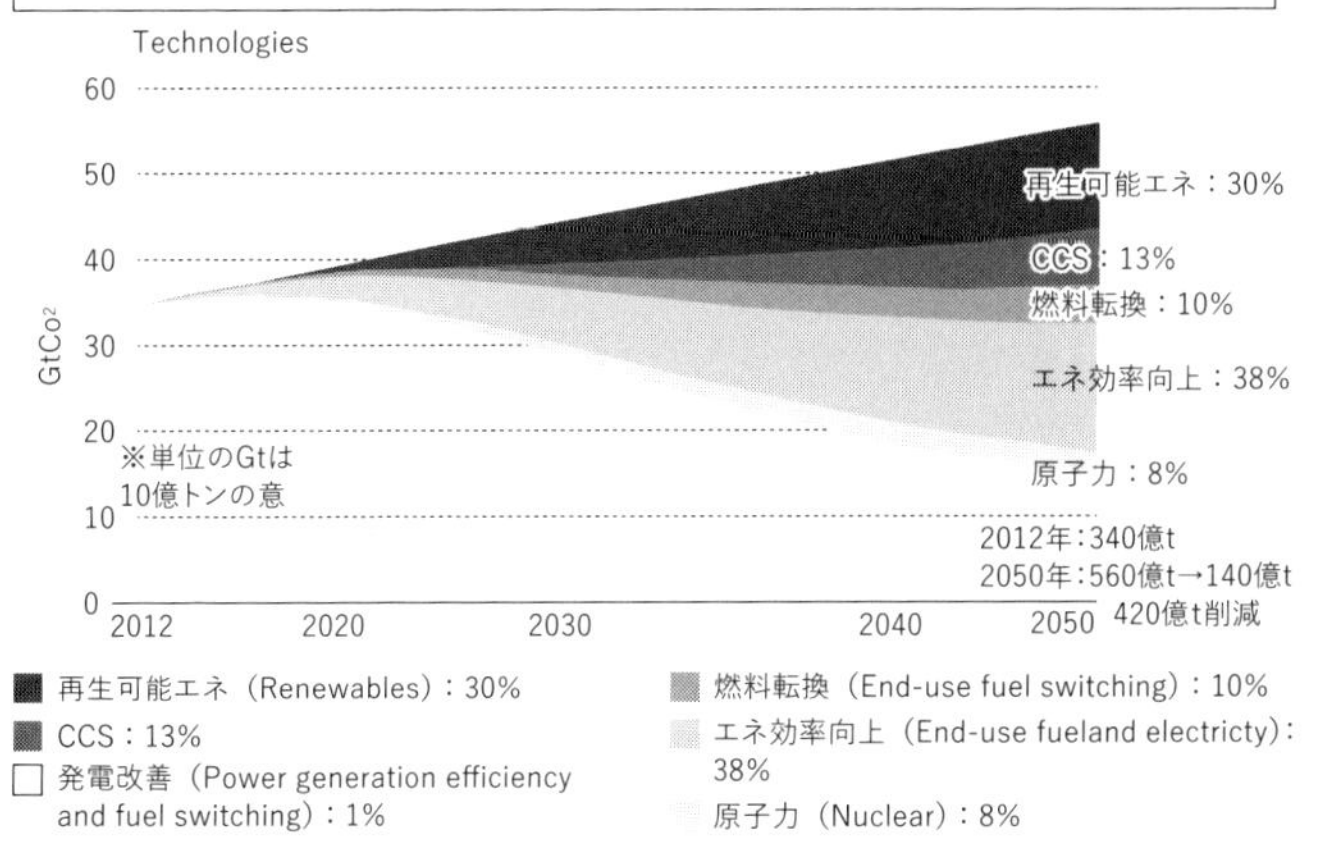

出典：経済産業省『我が国のCCS政策について　平成28年11月24日』（p４）
（https://www.meti.go.jp/committee/kenkyukai/energy/suiso_nenryodenchi/co2free/pdf/006_02_00.pdf）

そしてＩＥＡは２０５０年におけるＣＯ２排出量削減の13％はＣＣＳによると展望しています。

一方、ＣＯ２を分離して取り出したのなら、貯留するだけでなく積極的に活用しようという技術がＣＣＵＳ（Carbon dioxide Capture, Utilization and Storage）です。

既に米国ではＣＯ２を古い油田に注入し、その圧力でこれまで取り出せなかった原油を押し出すビジネスが行われています。このとき、注入されたＣＯ２は、そのまま地中に貯留されることになります。この手法はＥＯＲ（Enhanced Oil Recovery）と呼ばれ、日本では増進回収法と訳されています。

それでは日本のように油田がない国や地域ではＣＣＵＳは導入できないのでしょうか。実はＣＣＵＳにはＥＯＲ以外にも、ＣＯ2をウレタンなどの化学品やメタンやバイオ燃料などの化学燃料に加工する手法もあります。また、コンクリートなどの鉱物化も実現できています。

しかしこれらの技術は従来の数倍のコストがかかってしまうため、実用化には時間が掛かりそうです。

ＣＣＳも同様にコストの壁を超える必要があります。例えば現在では１トンのＣＯ2を貯留するために１００ドルほどかかるといわれています。これは日本の電気代にするとｋＷｈ単価が25～40円ほど値上がりするイメージです。生活者にも製造業にも厳しい価格です。

ただ、それでもＣＣＳやＣＣＵＳの技術開発を続けていくことには意義があります。ＣＯ2の排出を削減する一方で、排出せざるを得ない分を貯留したり転用したりする仕組みを稼働させることで、脱炭素が実現するためです。

手段は多い方が良いのです。

脱炭素経営は攻めの経営

この章の最後に、もう一度確認しておきましょう。

気候変動リスクへの対応といった社会課題への対応は、一部の環境保護に関心を持つ人々だけに求められているのではなく、いまや全てのビジネスパーソンに求められているということを認識しなければなりません。

融資・投資の判断にも気候変動リスクへの取り組みとしての脱炭素経営への姿勢が問われる時代になり、その結果、ある企業が脱炭素経営に取り組むことがサプライチェーン全体の取り組みにならざるを得ないことも分かりました。

しかし、脱炭素経営への取り組みは、投資家や取引先から見捨てられないためにやむを得ず対処しなければならないといったネガティブな発想によるものではありません。

TCFD

Taskforce on Climate related Financial Disclosur

企業の気候変動への取り組み、影響に関する情報を開示する枠組み

■世界で2,330(うち日本で445機関)の金融機関、企業、政府等が賛同表明

■世界第1位(アジア第1位)

TCFD 賛同企業数(上位 10 の国・地域)

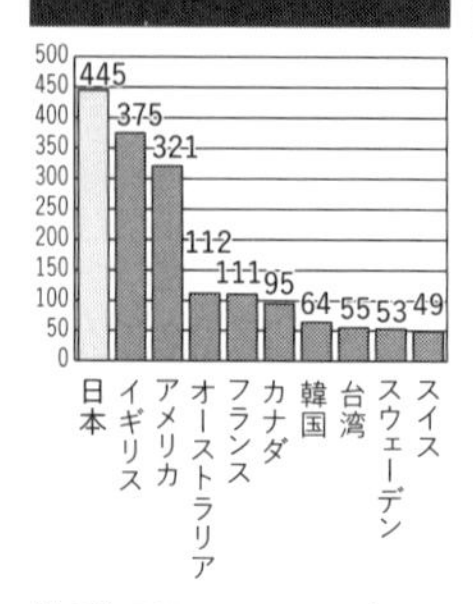

[出所] TCFD ホームページ TCFD Supporters (https://www.fsbtcfd.org/tcfd-supporters/) より作成

SBT

Science Based Targets

企業の科学的な中長期の目標設定を促す枠組み

■認定企業数:世界で813社(うち日本企業は120社)

■世界第2位(アジア第1位)

SBT 国別認定企業数グラフ(上位 10 カ国)

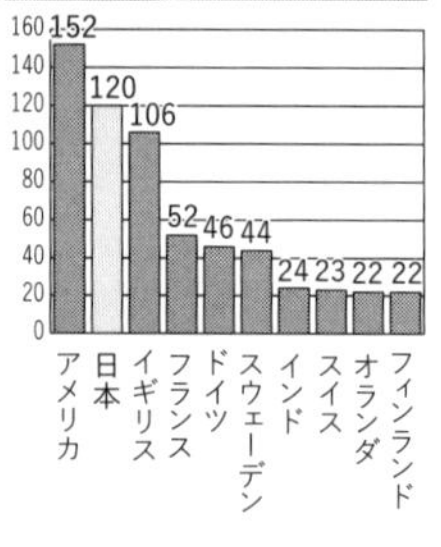

[出所] Science Based Targets ホームページ Companies Take Action (http://sciencebasedtargets.org/companies-taking-action/) より作成

RE100

Renewable Energy 100

企業が事業活動に必要な電力の 100% を再エネで賄うことを目指す枠組み

■参加企業数:世界で320社(うち日本企業は58社)

■世界第2位(アジア第1位)

RE100 に参加している国別企業数グラフ(上位 10 の国・地域)

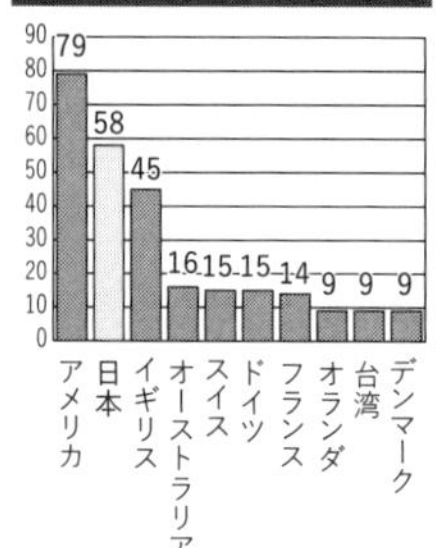

[出所] RE100 ホームページ (http://there100.org/) より作成

出典:環境省『TCFD、SBT、RE100 取り組み企業の一覧(2021年7月19日時点)』(http://www.env.go.jp/earth/ondanka/datsutansokeiei/datsutansokeiei_mat01_20210719.pdf)

むしろ、新たな取引先の確保や新たな市場への参入といったビジネスチャンスを獲得しにいくという攻めの発想で行うべきです。

既に、気候変動リスクに取り組んでいる日本の企業数は世界でもトップクラスに位置しています。

しかし、脱炭素経営に取り組むことは決して容易ではありません。第3章からは、脱炭素経営に取り組む際の注意点について見ていきましょう。

Chapter 03

安易に脱炭素経営の流行に乗ることの危険性

グリーンウォッシュと呼ばれる危険

企業が脱炭素経営に取り組むべき理由が分かり、実際に既に取り組んでいる日本企業が多いことも分かりました。

しかし、それなら我が社も急ぎ脱炭素経営を取り入れようと、安易に慌てて飛びつくことがないよう注意してください。それは、脱炭素経営を宣言すると、具体的なＫＰＩが打ち出されることになるためです。

このことを理解するために、石油業界の事例を記載します。

グローバル大手の石油会社の多くは２０５０年に向けてカーボンニュートラル目標を設定しています。実際に、最近のアニュアルレポートを見ても、戦略の中で、行動目標が増えています。

例えば、イギリスの大手石油会社、ＢＰでは、次の五つの目標を掲げています。

1　ＢＰのオペレーションを２０５０年まで、もしくは、それより早期にネットゼロにすること

2　ＢＰのオイル・ガスの生産を２０５０年まで、もしくはそれよりも早くにネットゼロにすること

3　ＢＰの商品のＣＯ２原単位を２０５０年まで、もしくはそれよりも早くに50％減らすこと

4　メタン測定器を２０２３年までに主だった石油・ガス処理施設に導入し、50％削減すること

5　非石油・ガスビジネス領域への投資割合を継続的に増やすこと

しかしながら、前述の通り、石油・ガス業界のＣＯ２削減は天然ガスから水素に転換することや、ＣＣＳ／ＣＣＵＳを入れるといった項目が多いため、まだまだ実行に直結しているものは少なく、結果、化石燃料に依存したビジネスモデルを継続していること、またクリーンエネルギーへの投資は大きくなく、内容も曖昧であることが財務データからは分析されています。（参照 https://www.theguardian.com/environment/2022/feb/16/oil-firms-climate-claims-are-greenwashing-study-concludes）

確かに2050年までに目指すとしていることから、まだまだ時間の余地があります。しかし、各ステークホルダーはその進捗状況もみており、「脱炭素経営を目指しています」と表明しただけでは評価されません。科学者も2030年までの削減が重要と訴えており、早急な対応が求められています。そのような背景から、宣言しただけで実行が伴わない取り組みは評価されないどころかグリーンウォッシュとして非難されるのです。

グリーンウォッシュとは、環境に配慮していることを表明しておきながら、実際には行動していないことを示します。

ですから、脱炭素経営の一環としてRE100に加盟すると、2050年までに自社が利用している電力を100%再生可能エネルギーで賄う事を目指さなければなりません。実際には国際的に認められた手法を用い、各指標をクリアするために計画的な取り組みの実施を継続している必要があるのです。RE100も各加盟企業の進捗状況をプログレスレポートとして毎年発表しています。このように2050年まではまだまだ猶予がある、期限が近づいたら何とかしようと構えていると、進捗率がゼロである、つまりグリーンウォッシュであるとマイナスの評価を下され批判を受けることになってしまいます。これは石油会社に限ったことではなく、どの企業にも当てはまります。

また、実際に批判されるだけでなく、行政指導を受ける事例も出ています。

スウェーデン大手ファストファッションのH＆Mは、オランダ当局の捜査を受け「コンシャス」「コンシャスチョイス」のレーベル製品を店舗とウェブサイトから除外しました。

このレーベルが実証されていないサステナビリティをうたったためです。また、その代償として40万ユーロを寄附して環境問題に役立てることに同意させられています。

同様にノルウェー消費者庁も「違法なマーケティングの疑いがある」として非難しています。

このように、実行する十分な意思がなければ、結果として脱炭素に取り組まない方が良かったとなるのです。

つまり、やるからには着実に気候変動対策を実施する決意が必要です。競合他社が始めたから我が社もとりあえず表明しておこうといった安易な気持ちでは、マイナス評価を受けてしまうことになりかねません。

脱炭素経営には、必ず実践が伴わなければなりません。

投資家や顧客など、主要ステークホルダーが本当に求めていること

グリーンウォッシュの他にも注意しなければならないことがあります。

それは、脱炭素経営を目指して行っている活動が、企業の独りよがりになっていないかという点です。

もちろん、気候変動リスクを回避する活動はどのようなアプローチであれ好ましいはずなのですが、企業の評価に繋がっていなければ、持続することが困難になります。

つまり、クライアントや投資家などのステークホルダーから評価される取り組みでなければならないのです。

企業とステークホルダーが同じ方向を向いた取り組みでなければ、単なる経費増大、経営体質の悪化と評価されかねません。

ステークホルダーが求めている脱炭素経営とは、国際的なアジェンダに沿った活動であることにより、必然的に利益が増え、持続可能な経営状態を目指せる経営です。

例えばある部品メーカーが、電力を再生可能エネルギーに切り替えたとしても、ステー

クホルダーにとっては当然すぎる対応であれば評価されません。ステークホルダーの要請は、その企業が持続することです。

また、その企業がスマートフォンのチップを開発・製造しているメーカーであれば、よりエネルギー効率が高いチップを開発することでスマートフォンのエネルギー効率を高め、世界中のスマートフォンの消費電力を下げることで環境に貢献することこそが、ステークホルダーの要請かもしれないのです。

このようなチップの開発・製造が行われれば、その企業のチップの需要が高まり、利益を上げつつ気候変動リスクの回避に貢献できると評価されます。

つまり、自社の脱炭素だけを考えて地球全体への貢献ができていなければ、それは独善的な活動として評価を下げられてしまうわけです。

地球全体の環境を守ることができて初めて、その企業も事業を持続できるのだと考えなければなりません。

勘違いされることが多いのですが、ＴＣＦＤではＣＯ２を削減することを求めていません。

ＴＣＦＤが要請しているのは、気候変動リスクに対する金融の安定化です。つまり、リスクを管理するために、結果としてＣＯ２の排出量が削減されることになるのであれば、それはそれで良いということです。あるいは、ＣＯ２排出量を削減しなかった場合に、どのようなリスクがあるのかしっかり評価するように求められます。

例えば石油価格が高騰した際に、経営を不安定にさせないための施策を説明できることや、工場が気候変動による災害に耐えうる立地条件にあることなどを説明できなければなりません。あるいはサプライチェーンも気候変動リスクに耐える状態が用意できているなどです。気候変動により材料の調達が滞ってしまう可能性があってはなりません。

極端な例として、温暖化が進んで平均気温が４℃上昇しても、会社は売上が却って上がるのでチャンスとして対応できることが説明できれば良いのです。同時に、地球温暖

ＴＣＦＤ／ＳＢＴが求めていることのハードル

化を2℃までに抑えられたときも、経営が不安定化することはないことが説明できることです。

仮りにあるビールメーカーは、気温が4℃上昇すると、ビールの売り上げが伸び、原料の高騰を吸収してさらに利益を増やすことができると自社の経営構造を評価しています。このようなシミュレーションが正確に行えることも、TCFDの要請に応えることになります。もちろん、投資家からの評価も得られます。

一方、SBTは科学的に説明できる温暖化対策を実施することが求められます。ただ、この場合は自社だけがCO2の排出量を下げるのではなく、製品のライフサイクル全体で考えなければなりません。

例えば電気製品の部品を製造しているメーカーであれば、自社の製造工程でCO2排出量を削減することだけでなく、製造した製品自体のエネルギー効率を高めることで、その部品を採用した電気製品がCO2の排出量削減に貢献できなければ評価されません。一般的に製造年において、自社で排出するCO2よりも製品の利用時に排出するCO2、もしくは、その原材料の製造工程におけるCO2排出量の方が圧倒的に大きいのです。

このように、SBTでは製品のライフサイクル全体に対して、気候変動リスク回避の責任を要請されます。例えば材料も新たに鉱山を掘削して調達したのではなく、リサイクルに対応することなども含まれます。

ＴＣＦＤやＳＢＴの要件をクリアするためには、もちろん各部門やサプライチェーン上の企業の地道な努力が重要ではありますが、現場任せの努力だけでは早晩行き詰まります。すなわち、脱炭素経営を実現するためには、より根本的な改革が求められるのです。それはＲ＆Ｄや組織・体制の改革、あるいはビジネスモデルの変革といった構造改革が必要になります。

そのためには当然、経営陣の意識改革が必要になります。このことは投資家からの圧力となることもありえます。すなわち脱炭素経営が進展しなかった場合、経営陣の報酬の削減や、経営陣の交代への圧力となることも既に現実に起きています。

カーボン・オフセットや再エネ証書という手法

自社が脱炭素経営の一環として、再生可能エネルギーの利用率を高めるために、2050年までに利用率を100%にすることを目標に掲げたらどうするべきか。目標を達成するための年間目標や月間目標を逆算し、あとは実直に目標値をクリアしていくことになります。

例えばSBTの認定を受けるために申請すると、売上が伸びたとしてもCO_2の排出の絶対量を年率4%ほど下げていかなければならないなどという目標下設定されます。細かくはCO_2の排出主体によりスコープ1〜3に分類された目標が決まります。

スコープ1は事業者自らが直接排出する量です。スコープ2は外部から供給される電気などの間接排出の量。そしてスコープ3は1と2以外の事業活動で排出される量です。例えば物流を任せている運送会社の排出量などです。

したがって、私どもが企業様から相談を受けた場合は、まず各スコープにおけるCO_2の排出量を確認します。

例えば電力を再生可能エネルギーに切り替えるのであれば、工場の屋根にソーラーパネルを設置しましょうということから提案します。

すると電力は自由化されているのだから、電力会社を変えればよいのではないか、とご指摘を受けます。確かに日本でも法整備的には電力が自由化されていますが、まだ実態が追いついていません。地域電力の影響下から逃れることはできません。またウクライナ情勢以降、再度注目されている原子力は再エネには分類されないことも留意する必要があります。

したがってRE100の認定を得ようとすると、相当のコスト負担を覚悟する必要があります。

これが米国であれば、風力発電所を建ててしまって、電力会社を通さずに発電所から直接供給される仕組みを契約で作る手法があります。米国の場合は風力発電の効率が良いため、化石燃料よりも安い場合もあります。

ただし、長期契約になるという縛りはあります。ですが、将来化石燃料由来の電気料金が高騰した場合のリスクはヘッジできることになります。

しかし、日本ではこのようなスキームはまだ事例が十分ではないため、まずは工場の屋

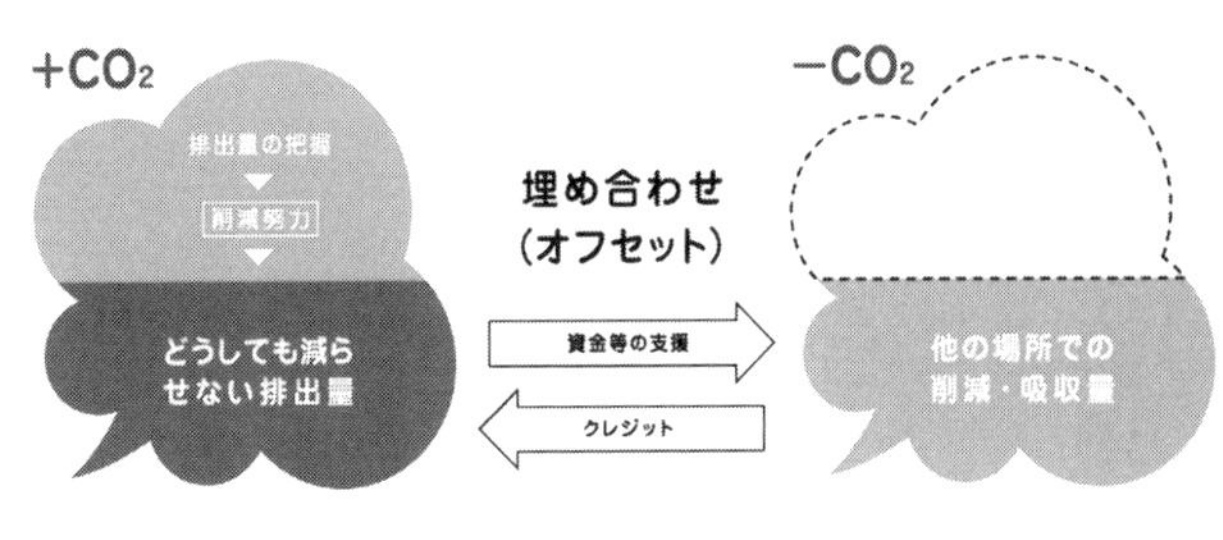

根にソーラーパネルを設置しましょうという話になります。この方法が最も初期投資が安く再エネを実現できます。

ところが現実的には工場の屋根に設置したソーラーパネルだけでは、必要な電力の1割程度しか賄えなかったりします。

そこで残りの90%を再生可能エネルギーにするために、例えば日本では、国が認証する「J―クレジット」と呼ばれるカーボン・クレジットや非化石証書という再生可能エルギー証書を購入することを提案します。J―クレジットとは、省エネルギー設備や再生可能エネルギー発電所を導入することによってＣＯ２の排出量を削減したり、森林管理を行うことで吸収されたＣＯ２の削減成果をクレジットとして売買できるように国が認定する制度です。一般的にはカーボン・オフセットなどに活用されます。このクレジットのうち、再エネ発電に由来するクレジットが、日本においては再エネ証書として活用することが可能となっています。

このJ―クレジットや非化石証書を利用する方法が、現在の日本では現実的なソリューションです。ただ、近年では米国の例のように自社自らが太陽光発電所や風力発電所を造る例も出始めています。

SBTは自己努力を求める

J―クレジットは、脱炭素経営を目指しているJ―クレジットの購入者である企業と、温室効果ガスの排出削減や吸収量増加を実現できているJ―クレジットの創出者である企業や団体の間に資金循環を生み出し、カーボンニュートラルへの双方のモチベーションを高める合理的な制度です。

しかし、SBTの認定を受けるとなると、J―クレジットだけでは難しい問題が残ります。

SBTは序章でも触れましたが、SBTi（Science Based Targets initiative）とも呼ばれ、パリ協定が目標とした産業革命以降の世界の平均気温の上昇を2℃未満に抑えるために、科学的な知見と整合した温室効果ガス削減目標を設定することです。これを実現するために、企業が5～15年先を目処に温室効果ガスの排出削減を目標として、毎年2・5％以上の削減を目安に計画を立てます。

SBTではサプライチェーンの排出量削減も求められますので、スコープ1～3までのトータルでの排出量削減を目指さなければなりません。

近年、SBTに取り組む企業が増えているのは、ステークホルダーに対して自社が持続可能な企業であることをアピールしやすいことにあります。この場合のステークホルダーとは、投資家であり、顧客であり、サプライヤーや自社の社員も含みます。そしてアピールしやすいとは、SBTがパリ協定に整合していることによります。

ただし、SBTへの取り組みも流行に乗るような安易な気持ちで表明してしまうと、予想外のコスト増に直面したり、取り組み自体に挫折したりしますので注意が必要です。

例えば、自社のみならずサプライチェーン全体のCO2排出量を算出することも容易ではありません。スコープ1と2に関しては、排出量を計算することはそれほど難しくはありません。オフィスや工場で使用している電気料金の明細や、社用車のガソリン代などから算出することができます。

しかしスコープ3における排出量の算出は難しくなります。

例えばスマートフォンを製造販売している会社であれば、そのスマートフォンに使われている部品の調達先である数百社が各部品の製造時にどれだけCO_2を排出しているのかを計算しなければなりません。また、そのスマートフォンが使われる際にどれだけ充電されているのか、廃棄処分されるときにどれだけ排出するのか。

この算出が難しいだけでなく、さらに排出量を下げなければなりません。相当な企業努力が必要となります。

しかも、SBTでは再エネ証書の活用は認められておりますが、一般的なカーボンオフセットは認められていません。どういうことでしょうか。

TCFD／SBTは構造改革を求める

RE100を達成するために、自社では再生可能エネルギーの利用を賄えない分については再エネ由来のＪ―クレジットや非化石証書といった再生可能エネルギー証書を利用する方法があり、それはＳＢＴにおいても同様です。

しかし、ＳＢＴの対象範囲は自社のスコープ２といった電力だけではなく、熱や工業ガスの利用（スコープ１）やサプライチェーン全体の排出量（スコープ３）も考えなくてはなりません。このスコープ１やスコープ３にもカーボンクレジットと活用したいところですが、それを認めずに、直接的な削減を求める仕組みになっているのです。

例えば、製鉄所であれば、高炉（鉄溶鉱炉）には石炭を基にしたコークスが使われていますが、これを電炉にすることは相当に困難です。そもそも電炉は鉄のリサイクルを主とした製鉄にしか使えません。

そのため、相当な投資をするだけでなく、製造業としての構造改革まで行う必要があります。

次に、ＳＢＴではサプライチェーン全体で排出量を削減しなければなりませんので、企業の売上が上がると削減すべき排出量も増えていき、クリアすべきハードルが上がっていきます。パリ協定の考え方として、これまでどのくらいのＣＯ２を排出してきたのかという累積量が重視されますので、企業の規模が大きくなったからと言って、許される排出量が増える訳ではありません。

常識的に考えれば、企業規模が大きくなり売上が増え、従業員や設備が大きくなれば、それに比例してCO2の排出量も増えていきます。

しかしパリ協定では既に削減すべき排出量が決められていますので、企業も成長するに従い排出量が減少するような成長の仕方を考えなければなりません。つまり、成長と排出量はデカップルしなければならないのです。

また、昨今テレワークを導入する企業が増えていますが、テレワークにシフトした社員が多い企業はオフィスでの光熱費を削減できます。

そこで、企業としての排出量を削減できたのかというと、これはスコープ2の排出量が削減できたに過ぎません。テレワークにシフトした社員は、各自が仕事をしている自宅の光熱費やシェアオフィス、コワーキングスペースの排出量を増やしているはずだからです。つまり、スコープ3の排出量が増加しています。

この辺りをどのように評価すべきなのかは、今後の課題となっています。

努力を怠るとグリーンウォッシュになる

脱炭素経営は、あるときにある基準をクリアしたらそれでゴールというわけではありません。脱炭素経営は常に努力し続ける必要があります。だからこそ、単なるブームとして便乗することは危険なのです。

気候変動リスクへの対応が難しいのは、常にスタンダードの要請が高まっていくためです。

例えば、Ｊ―クレジットのようなグリーン電力証書を購入することで脱炭素を達成したことが素晴らしいと評価されていたのが、いつの間にか、それくらいのことは当たり前で、むしろ単純なカーボンオフセットでは自助努力ではないと言われるかもしれません。

誰に言われるのかというと、投資家であったり感度の高い消費者であったりするのです。最近では新聞社の記者でも「でもそれ、全てを単価の安いカーボンクレジットでオフセットしていますよね」などと言うらしいです。

したがって、自社としては脱炭素経営を実践したはずなのに、努力を怠るとグリーンウォッシュだと言われるかもしれません。

これが脱炭素経営の難しさです。

序章で言及したCDPは気候変動リスクへの対応状況をスコアリングして公開している機関ですが、まさにここでの評価方法が偏差値なのです。

つまり、Aランクの評価をされた昨年と同じ成果を出したつもりが、今年の評価はBランクだった、ということはよくあります。周りの努力が追いついてきたことにより偏差値が変わってくるわけです。

このように脱炭素経営は気の抜けない活動です。環境問題は、常に改善努力が求められます。

SBTにおいても、目標を一度申請すれば終わりではありません。5年に一度見直しが行われ、CO2の排出量削減の目標の精度をより高めるように仕向けられます。ちょうど日本政府が温室効果ガスの排出量削減目標を発表する度に高めていることと同じです。

ですから最初の計算がいい加減ですと、5年後や10年後に絶対に削減できない、という事態になりかねません。

このような事態を避けるためには、結局の所、正確な排出量を算出しておくしかありません。

しかも削減目標は「これくらいならいけるだろう」と自分たちで決められるわけではなく、ＳＢＴから年率で４・２％削減すること、というように定められてしまいます。さらに適時、進捗状況を報告させられますので、計画通りに削減できていないと評価が下がります。

これほどまでに厳しい脱炭素経営は、通常の経営の延長上では実現できません。必ずどこかのタイミングで構造改革の経営判断を迫られるのです。

逆に、脱炭素経営を実現するために構造改革を行えた企業だけが、持続可能性を獲得して生き残れるのだと言えるかもしれません。

Chapter 04

脱炭素を武器にする

脱炭素への構造改革

脱炭素経営は、従来の経営スタイルの延長線上で実現することは非常に困難です。しかし、企業の構造改革を行い、新たなビジネスチャンスを捉える戦略として挑めば、持続可能な企業として高い評価を得られる機会となります。

新たなビジネスチャンスをもたらす例として、EUのEV用バッテリーの規制について見てみましょう。

既に多くの人が知っているように、EUの執行機関である欧州委員会は、2035年に発売できる新車は排出ガスゼロ車のみとする規制を提案しています。つまり、ガソリン車だけでなく、ハイブリッド車もプラグインハイブリッド車も販売できなくなります。EUでは電気自動車（EV）か燃料電池車（FCV）しか販売できなくなるわけです。その結果、EVやFCV用のバッテリーの需要が高まります。

それを見越した欧州委員会は、2017年にバッテリー同盟（EBA）を設立しました。これは、EV用のバッテリーの製造にCO_2排出量の規制をかけることで、EU内のバッテリー製造業を有利にしようという考えでしょう。２０２０年には電池規則が提案され、22年から施行される予定となっています。

この規制では、ＥＶ用のバッテリーは、製造時のＣＯ２排出量を開示し、基準以内の排出量でなければなりません。

また、リサイクルに関する規定もあり、２０２７年からは使用しているコバルト・鉛・リチウム・ニッケルのリサイクル率を申告しなければならず、２０３０年以降はリサイクル率が基準を満たさなければならなくなります。

さらにラベリングも規定されます。２０２７年からは全てのバッテリーに寿命や充電容量、分別回収の必要性、使用している有害物質などの情報を記載しなければなりません。

これらの規制が施行されれば、ＥＵ内で自動車を販売するためには、ＥＵ内の再生可能エネルギーで製造されたＥＶ用バッテリーを使わざるを得なくなります。実際、ＥＵ内ではＥＶ用バッテリー工場が急増しています。

一方、中国や韓国をはじめとするＥＶ用バッテリーのアジア勢メーカーも手をこまねいてはいません。各社ともこぞってＥＵ内に生産拠点を作り生産を開始し始めています。

まさに、欧州委員会の思惑通りの状況になっています。

そしてこの状況は、日本のバッテリー製造メーカーにとってもEUへの参入チャンスと捉えることができます。

※オーステッドについて

『From Black to Green: A state-owned energy company's shift and the framework that made it possible』（https://stateofgreen.com/en/partners/state-of-green/news/from-black-to-green-a-state-owned-energy-companys-shift-and-the-framework-that-made-it-possible/）

『クリーン・エネルギー化が公益株式の再評価につながる可能性』（https://www.pictet.co.jp/investment-information/fund-insight/fund-watch/eco-202012151.html）

※EUのEV用バッテリーについて

『EUの新環境規制　2035年のHV販売禁止だけではない苛烈な中身（日経ビジネス）- Yahoo!ニュース』（https://news.yahoo.co.jp/articles/307bd2df7fbeb0577a3580451099115e4a3ced79?page=2）

『欧州で加速するEV電池生産　リコー経済社会研究所　リコーグループ企業・IR　リコー』（http://blog.ricoh.co.jp/RISB/inout_economy/post_652.html）

脱炭素経営は新しい価値を創造する

バリューチェーン（Value Chain）という考え方があります。1985年にマイケル・E・ポーター(Michael Eugene Porter)ハーバード・ビジネススクール教授が著書『競争優位の戦略(Competitive Advantage)』で提唱しました。

バリューチェーンは原材料や部品の調達から製造、出荷・配送、販売、アフターサービスなどの活動とそれを支える企画や開発、労務管理などの全ての事業活動を「価値の連鎖」として捉える考え方です。

バリューチェーンを分析すれば、どのプロセスでどのようにして価値が生み出されているのかを把握することができ、その結果として自社の強みと弱みが分かります。

これまで脱炭素経営は、サプライチェーン全体に関わることを説明してきましたが、実は商品の原材料を算出し、製品・サービスを廃棄するまでのバリューチェーン（ライフサイクル）で考える必要もあります。そのバリューチェーンのどこでCO_2を排出しているのかを算定するのがカーボンフットプリントの算定となります。

たとえばシャンプーを製造販売している会社があるとします。この会社が脱炭素を目指した場合、サプライチェーンで努力する場合は製造時の電力を再生可能エネルギーに変えたり容器の材質を工夫するなどできますが、さほど効果が出せなかったとします。

そこでシャンプーのライフサイクルのどこでCO_2の排出量を削減できないかを検討してみます。すると、最も排出量が多いのは、消費者がシャンプーで洗髪しているときの温水シャワーを使っている時だったことが分かったとします。

さて、そうなるとこれまでとは全く異なったアプローチができることに気付きます。すなわち、シャワーを使わなくてもよいシャンプーを製造・販売することだということです。

驚かれるかもしれません。消費者が排出しているCO_2などメーカーのあずかり知らぬ事ではないのかと。

しかし、気候変動リスクへの対応というのは、あらゆるプロセスを考慮しなければなりません。そのため、メーカーがCO_2の排出を促すような商品を造っているのであれば、そこを改善する責任が生じます。

実際、自動車を購入した消費者が、その自動車でどれほどガソリンを消費してCO_2を排出していてもメーカーは無関心でしょうか？　そのようなことはありません。自動車メーカーは、自らがCO2を排出する商品を製造・販売していることに対する気候変動リスク上の責任を持っています。ですから自動車メーカー各社は低燃費を競い合ったり、ハイブリッド車や電気自動車の開発を進めているのです。

他にも、Tシャツを製造販売しているアパレルメーカーがバリューチェーン上でCO2の排出量を削減しようと考えたら、実は洗濯しているときの電気代を抑えることが課題として浮上するでしょう。同時に洗剤による環境負荷も考慮しなければならないでしょう。すると、洗濯しなくてもよい、あるいは洗濯回数を大幅に減らせる素材のTシャツを製造・販売することが、脱炭素経営の一環となるかもしれません。

その意味では、ワンシーズンの流行に合わせて大量消費させ、短期間で買い換えすることを仕向けるファストファッションは、脱炭素経営の考え方からすれば、大きな問題となります。

このように、脱炭素経営をバリューチェーンの上から考えると、これまでの常識を覆すような新しい価値創造を生み出し、新しい需要や市場を生み出すきっかけにもなり得るのです。

脱炭素経営をＤＸで促進する

近年、あらゆる物事がデジタル化され、企業においてもＤＸの推進が大きな課題となっています。

このＤＸですが、実は脱炭素経営ととても相性が良いのです。

簡単な例では、業務においてペーパーレス化が推進されれば、紙の消費が抑えられて森林保護に繋がりますし、プリンターやコピー機の稼働率が下がることで省エネになります。また、紙の運搬に費やされる輸送コストや輸送時の炭酸ガス排出を削減することができます。そして業務全体の効率が高まることで、さまざまなエネルギー消費が抑制され、ＣＯ２の排出量削減に貢献することが期待できます。

ＤＸは単なるデジタル化ではありませんので、前述の例は非常に単純化した例ですが、ペーパーレス化一つとっても、その社会的インパクトは計り知れません。たとえば、社内のペーパーレスだけでなく、広報誌や求人活動に使われる外部向けの出版物が全てＷｅｂ上での情報発信に切り替えられれば、相当なＣＯ２の排出量削減となります。

実際、求人をはじめとした情報誌の大手リクルートでは、2030年度のカーボンニュートラルを目指し、スコープ1〜3までの全てにおけるGHG排出量の削減を進めてきています。

また、当社が行う転職紹介事業においてもDXによるCO2の削減が可能となっています。転職紹介事業においてはキャリアアドバイザーが転職希望者と面談を行い、適切な転職先を紹介するための情報の収集や転職希望者と求人の期待値のすり合わせを行うことが最初のステップとなります。その際、コロナ前であれば企業の本社・支社に用意してある面談ブースで面談を行うことが一般的でした。しかし、面談ブースは転職希望者がアクセスのしやすい場所になくてはならないため、オフィスの家賃が高くなり、また、ブースの設置構築費用もコストがかかる項目となっています。さらに十分なブースが確保できないと、面談がなかなか設定できないなど、サービスレベルの低下による転職希望者の満足度の減少や、ほかの紹介事業者を利用するといった機会損失が発生する原因ともなっていました。

しかしコロナ後の技術革新や社会情勢の変化により、オンライン会議による面談が可能となった今、面談ブースをそれほど設ける必要性はなくなってきているものと思われます。これにより企業は面談ブースにかかるコストの削減やサービスレベルの改善を実現するとともに、オフィスから排出されるCO2や転職希望者の移動にかかわるCO2の削減が可能となります。このような変化はキャリアアドバイザーの就業形態・雇用形態にも影響を与え、事業構造の変化も導くことになる一方で、DXによる気候変動対策も進む形にもなります。

同社の公式サイト（※8）によれば、2009年3月期と2020年3月期のGHG排出量の変化を見ると、スコープ1（オフィスにおけるガスの直接使用にかかる二酸化炭素排出量）では1979トンが917トンに、スコープ2（オフィスにおける電力使用にかかるCO2排出量）では1万2276トンが5635トンに、スコープ3（業務移動や情報誌出版における排出量などの間接排出量）では28万2227トンが14万4248トンへと、いずれも劇的に削減されています。

このように、スコープ1と2だけでなく、スコープ3である間接的なGHGの排出量をコントロールすることも、企業の責任と捉えられているのです。このとき、企業のGHG

排出量削減は、紙や人の移動といった物質のやり取りを伴うものが、デジタルに置き換わること、すなわち、DXが大きく貢献することが分かるかと思います。

※8　株式会社リクルート『気候変動への取り組み』(https://www.recruit.co.jp/sustainability/environment/clime-change/)

積み重ねで脱炭素の成果を出す

DXとは単なるデジタル化ではないと述べました。DXの定義については様々に解釈されていますが、本書では経営を変えるほどのデジタル化と定義しましょう。すなわち、競争優位を築くために新しい商品やサービス、ビジネスモデルの転換を引き起こすデジタル化です。

Amazonのビジネスモデルを見ると分かりやすいと思います。まず、書籍を買うために書店に行かなくても、インターネット上で家に居ながらにして購入できるようにしました。また、書籍自体をデジタル化して電子書籍としていつでもどこでも即時にダウンロードして読書を始めることを可能にしたのです。さらに、映画や音楽も定額で視聴し放題にするサブスクリプション型の販売を始めました。

これらのビジネスモデルは、既存の書店やレコード店、DVDのレンタルショップ、映画館などのビジネスを脅かす程の優位性を持っています。

しかも、既存のビジネスモデルと比較して、CO_2の排出量も抑えることができます。

このようなDXはあらゆる分野で進められています。たとえばミュージシャンのライブなどは、リアルな会場に人が集まり臨場感を得られなければ成り立たないと思われていましたが、既にリアルタイムで動画やメタバース上でネット配信して収益を得られるようになっています。

ただ、実態のある製品を造らなければならない製造業や、実態のある飲食を提供し人による接客サービスの付加価値を提供することで成り立っている業界などでは、革新的なDXを進めて脱炭素を推進することは簡単ではありません。このような業界ではどうしてもデジタル化できない部分が多いためです。

このような業界でDXを推進して脱炭素の成果を上げるために必要なことは、画期的な変革よりも実直な積み上げが必要な場合が多いと考えられます。

たとえば製造業では実態のある製品を製造する工程を可能な限りオートメーション化する、ＣＡＤ（Computer Aided Design）やＣＡＭ（Computer Aided Manufacturing）、ＣＡＥ（Computer Aided Engineering）を導入して設計からシミュレーションまでをデジタル化する、素材や部品の調達業務をデジタル化する、素材や部品を脱炭素に取り組んでいるメーカーから調達する、工場の使用電力の再エネ化を図るなどの取り組みの積み重ねの結果として、脱炭素の成果を上げることができます。

PL、BS、CFにカーボン

また、企業から顧客に届けられる各種案内状や請求書、領収書などもペーパーレス化が進められています。

銀行などでも通帳を有料にするなどの施策が進められています。

ちなみに金融業界は既にＩＴ化が進められて久しいですので、自社内でのＤＸ化よりも、融資先のDX化、あるいは脱炭素経営化の評価をより重視するようになってきています。つまり、スコープ3のCO2排出量の削減を進めているのです。

つまり、これまでの融資条件に加えて、脱炭素経営が進んでいるかどうかが融資のための条件となってきています。

そのため、特に化石燃料を大量に消費しなければならない構造を持った企業や業界では、今後は融資を受けることが難しくなってきます。

これは、金融機関としても、化石燃料の供給リスクや価格変動リスクが気候変動リスクと連動していることから、化石燃料への依存度が高い企業の経営体質が懸念材料となるためです。

その結果、融資先の選別を行う際には、PL、BS、CFにカーボンと言われるようになってきました。

Chapter 05

脱炭素に取り組む

なぜ、気候変動対策に取り組むのですか？

私は脱炭素経営やカーボンニュートラルに取り組みたいと相談に来られる企業の経営者や幹部の方々に、「なぜ、脱炭素経営やカーボンニュートラルに取り組みたいのですか？」と尋ねるようにしています。

すると「コンペティターが始めたらしいから」「首相が宣言したので何かした方が良さそうだから」などといった、曖昧な答えが返ってきます。つまり、右へ倣え的な動機です。

しかしこのような曖昧な動機で取り組み始めると、すぐに挫折してしまいます。何をもって成功なのかが明確ではないためです。

そこで私は、「脱炭素経営やカーボンニュートラルの成果を誰にアピールしたいですか？」と尋ねます。

するとやや具体的な話になってきて、「顧客が求めているだろうから」とか「株主の要望があるようだから」となります。

それなら、その人たちに私が取材して、顧客や株主が貴社のことをどのように見ているのか確認しましょう、という話になります。

そこで相談に来られた企業から顧客や株主に手紙を出していただきます。そこには、私どもが取材に伺う理由と、取材に対応できる人を紹介してほしいということが書かれています。

この取材はチャタムハウスルールに則って行います。チャタムハウス（Chatham House）は、イギリスのシンクタンクである王立国際問題研究所のことです。ここで採用された会議のルールの一つに、参加者は会議中に得た情報を外部に公開することができるが、発言者を特定する情報は公開してはならない、というのがあります。発言者が立場に縛られずに自由な意見を出せるためのルールです。

そして私どもの取材は複数の顧客と株主に及びます。できるだけ多くの関係者から共通する認識を得たいためです。

すると、企業の経営者が気付いていなかった評価や要請が、顧客や株主に共有されていることが分かってきます。そのことで、企業が直面している課題も浮かび上がってくるのです。こうした課題は、企業や業界ごとにずいぶんと異なったものになります。

例えば電子部品の製造会社に対して、投資家たちは、製造会社自体のCO2排出量の削減を求めていません。むしろ、それは当然やっているよね、といった考えで、より長期的なリターンを見越した要望を出してきます。それは、製造会社の製品が、購入者の排出量を削減しているのかどうかです。そして削減を促進する製品を造り、さらにシェアを伸ばして、結果的に企業価値を拡大することを求めているのです。

その製造会社が長期的に成長する為には、このような視点が重要なのだ、ということを株主は考えているのですね。しかし、当の経営者は気付いていないことがあります。

一方、セメントや鉄鋼などを製造して自社の生産過程で極めて多くのCO2を排出している会社に対しては、会社自体の排出量の削減が期待されます。これは、気候変動リスクにより将来の電気代や燃料代、あるいは炭素税などが高騰したときに、経営を維持できるのだろうか、という懸念を投資家たちが抱いているためです。

ＩＴ系企業であれば、自社のCO2排出はサーバーの電力に関わるものがほとんどですから、再生可能エネルギー由来の電力を使用していることは当然で、むしろ将来的には世の中の経済活動に伴う排出量を削減できるようなサービスを開発しているのか、ということが投資家などの要請になります。例えばＷｅｂ会議ツールを提供していれば、人の移動を削減することで交通機関の排出量削減に貢献できるといった具合です。

また、自動車製造関連の企業であれば、投資家たちは将来ガソリンエンジン車がなくなったときのことを懸念しています。例えばエンジンのプラグを製造している企業であれば、エンジン車がなくなると同時に受注がなくなってしまいます。ですから電気自動車や燃料電池自動車に必要とされる部品の製造にシフトしていく戦略を立てて実施しているのか、といった課題が浮かび上がってきます。

このように、脱炭素経営やカーボンニュートラルに取り組む目的は、企業ごとに異なってきます。顧客や株主などの期待に応えられる目的が明確になると、初めて脱炭素経営に取り組む必然性も明確になります。

自社の重要課題を洗い出す

脱炭素経営に取り組む際には、改めて自社の重要課題は何かを確認することが必要です。ステークホルダーにとっての重要課題と、経営側の重要課題をマテリアリティマトリックスとして整理するのです。

気候変動リスクへの対応だけに注意を向けて、そもそもの経営課題を見失わないようにしなければなりません。

例えば自動車メーカーであれば、ステークホルダーにとっては気候変動リスクへの対策が最重要課題だったとしても、経営側にとっては車の安全性が最重要課題かもしれません。また、ステークホルダーの中でも、取引先と株主、金融機関とでは最重要課題が異なってくることもあります。

すると、脱炭素経営を推進するにしても、同時に取り組まなければならない課題との整合性を取りやすくなります。また、短期的な利益と中長期的な利益のバランスも考えやすくなります。特に近年では、長期的に成長を続けられる企業というのは、社会的課題を解決できる企業であるという考えで、ＥＳＧ投資が注目されています。

ＥＳＧ投資では環境への配慮が求められますので、現状のＣＯ２排出状況や気候変動対策についてのディスクロージャーも求められます。その際、共通言語としてＣＤＰやＴＣＦＤのフレームワークに従って、レポートすることが要請されます。

調査と報告の取りまとめは、社内の担当グループが行うことが多いですが、そのためにもＣＤＰやＴＣＦＤにおけるディスクローズの仕方を学んでおく必要があります。

脱炭素経営に取り組む必然性が明確になり、重要課題が明確になっても、それだけではうまくいきません。次に必要なのはガバナンスです。

脱炭素経営への取り組みがうまくいっている企業の特徴は、ガバナンスが効いていることです。ガバナンスが効いていない企業では、気候変動対策委員会や脱炭素経営推進委員会のようなグループを設置しただけではうまくいきません。それらのグループを設置した意図が企業内の隅々にまで共有されている必要があります。

そうでなければ、委員会が各現場に協力を要請しても、現場は仕事が増えるだけだと感じ、動かないでしょう。

また、ＴＣＦＤに沿った戦略を立てたとしても、意思決定の経緯が分からなければ、やはり現場は動きません。

ガバナンスが効いていれば、トップが気候変動リスクに対しどのような危機意識を持っているのか、なぜ自社が取り組まなければならないのかということについて、社員たちが自分の言葉として語れるようになります。

ところが他社の文章をコピーしてＩＲレポートをペーストしたり社内報に掲載したりし

ても、投資家はそれがコピペであることを直感で見抜いてしまいます。

まして全体会議などで口頭で語ると、借り物の言葉はさらに悟られてしまいます。

脱炭素経営にはトップのリーダーシップが必須

自社の課題が明確になりましたら、脱炭素経営に向けての目標を立てます。ただし、この場合、SBTのフレームワークを使うと、現在の温室効果ガス排出量から自動的に削減目標が定まってしまいます。現在○トン排出しているのであれば、年率○%を削減しなければパリ協定で目指す気温1.5℃以内に抑えることはできない、ということです。

したがって、「我が社は努力すれば今年は○トンぐらいいけるんじゃないか?」といった独自の目標では認められません。

すると今度はSBTにより定まった削減目標を実現するために、どのように努力すればよいのかを検証します。

具体的には、温室効果ガスを排出しているプロセスを見直し、目標とする削減量を実現できるプロセスを改善します。この部分の洗い出しと改善策を検討することは、企業内のプロジェクトチームだけでは難しいこともあります。そのような時は、私どものような外部のコンサルタント会社に相談することも検討されると良いでしょう。

このときご注意いただきたいのは、一般的なコンサルティングでは、SBTの申請までをサポートして終了となります。あとは各企業様で頑張って下さい、ということです。そのため、申請まではできたけれども、実際の削減ができずにお手上げになってしまうという例が出てきています。

そのため、私どもではSBTの申請後の削減方法までサポートさせていただいております。

実施内容は事業内容により異なりますが、多くの場合は再生可能エネルギーの採用を検討することになります。そして自社にとって最適な再生可能エネルギーの採用方法は何か、ということも助言します。

しかし、そこまではステークホルダーにとっては当たり前の施策に過ぎません。そこで私どもは、事業構造を変化させることも提案します。例えばガソリンエンジン用プラグを製造・販売している企業様には、ガソリン自動車が販売されなくなった時の新機軸を構築することを提案します。これは、脱炭素経営における機会の創出です。そこまで実践して初めてステークホルダーから将来性を評価されるようになります。

このように、脱炭素経営というのは、事業構造の変革による機会創出まで行うことになりますので、社員だけで構成されている推進委員会のようなグループでは手に負えなくなります。必ず経営トップのリーダーシップが必要になるのです。

ガバナンスがしっかりしていれば、気候変動もうまくいく

リーダーシップの必要性という点においては、TCFDでも重要になります。TCFDにおける最重要な要素はガバナンスです。ガバナンスが効いている組織でなければ、気候変動リスクの問題以前に、経営が機能していないことを問われてしまいます。ガバナンスがしっかりと機能して初めて、リーダーシップが経営に反映されます。

その結果、脱炭素経営を推進するに当たっても、経営トップの意思が会社全体に行き渡ります。

ですから、私どもも脱炭素経営を推進する担当者様から何から着手すれば良いのかを尋ねられたときは、まずガバナンスの状態を確認します。その上で、気候変動リスクに対する取り組みをチェックする仕組みができていればすぐに推進できるでしょう、と答えています。

どのような組織を作れば良いのか分からない、という状態の場合は、他社様の事例を紹介することもあります。例えばＣＳＲ部門だけが推進していても、脱炭素経営は進められません。担当部門で議論された結果が取締役会でも議論され、経営戦略に反映される。それが再び現場に降りてくるという循環がつくられていなければなりません。

TCFDに従った戦略、目標、指標の策定

TCFDで求められている目標にはステップがあります。例えば自社の戦略を策定する際に、気温上昇が2℃になった世界で起こりうるシナリオを考えます。規制が強化されているかもしれませんし、エネルギー価格が高騰しているかもしれません。そのような環境にどのように対応するのかを考えます。

同様に、気温が4℃になった場合の戦略も策定します。このときに考えられる環境下で事業を行うための戦略を立てなければなりません。

このように、TCFDでは長期的なシナリオを作る必要があります。

このとき、脱炭素を推進する目標として使われるのがSBTの指標です。具体的に、2030年までにCO_2の排出量を40％削減する、2050年までに80％削減するというものです。そのため指標については議論の余地はありません。

必要であれば、私どもからSBTのフォーマットを提供します。このフォーマットを使うことで、自社がいつまでにどれくらいのCO_2排出量の削減をしなければならないのか

が算出できます。

気候変動対策を推進するのは経営企画やCSR部門ではなく、全社一丸となって実施すること

脱炭素経営は経営者が旗を振らなければ進められませんが、現場の社員一人ひとりの意識改革にまで落とし込めなければ積み上げができません。

例えば電気を再生可能エネルギーに切り替える判断は経営者が単独で行うことができますし、実施することも可能です。しかし、CO2の排出量を削減するためには現場の細かな改善の積み重ねが必要になります。

また、現場が排出量削減に努力することで気付いたアイディアを、ボトムアップで吸い上げていく必要もあります。

脱炭素経営には、このような地道な積み上げが必要とされるのです。

それには、社員一人ひとりの意識改革が必要ですが、それはすなわち、各人が気候変動

リスクを自社の経営リスク、さらには自分事として理解するべきです。

一方、経営者が旗を振ることはもちろん大前提ですが、脱炭素に関する社員教育も必要になります。

昨今、企業のDXを推進するために、社員の意識改革を促すために研修制度を設けている企業が増えていますが、脱炭素経営に関しても同様の取り組みが必要とされています。

現場の裁量のバランス

複数の地域にグループ企業や支社、工場などを展開している企業では、再生可能エネルギーの導入に関して各地の管理部門の裁量に委ねている場合が多くあります。そのため、本部ではグループ企業や支社、工場などがそれぞれ電力会社とどのような契約をしているのかを把握できていない場合があります。

しかし、全社で電気の一括購入を行っていると、全ての契約内容が透明化されるため、果たして自社全体の電気料金が最適化されているのかどうかが見えてきます。また、一括購入した方が割安になることも多いため、今一度確認しておいた方が良いでしょう。

例えば第6章で後述する、再エネを導入する際の大きな打ち手となるVPPAはオプション取引の要素を含むため、内容が複雑であることや地域を一つに取りまとめて考える必要があるため、各工場単位はもとより、米国や欧州といった地域統括会社本社を、日本本社が支援をしないと導入が難しいです。

脱炭素経営に限らず、ある程度は各現場の裁量に委ねた方が競争原理が働いたり、より多くのアイディアが出されたりするメリットがあります。しかし、再生可能エネルギーを導入する際には、全社的に足並みを揃える方がコストを下げられる可能性があります。

気候変動対策を考える際のフレームワーク（既存・新規、対応・攻め）

既存ビジネスの領域での戦略と、新規ビジネスにおける戦略を立てます。

既存領域ではさらに、守りの戦略と攻めの戦略を立てます。

守りの戦略では、クライアントやステークホルダーの要望に応えるために、省エネや再エネを通じた脱炭素化を目指すとともに、災害に強いレジリエントなサプライチェーンの構築を目指します。

攻めの戦略では、既存事業での競争優位を築きます。温暖化を見据えた新しいニーズへの対応や、DX化による業務改善やビジネスモデルの改革を進めます。

一方、新規ビジネスにおける戦略は攻めに徹します。脱炭素を目指したビジネスポートフォリオの入れ替えを行うのです。

その際、脱炭素の観点を取り入れたビジネスコンテストを行ったり、M&Aを進めるなどします。

個人経営の飲食店や商店、地域のスーパーはまだまだ先？

ここまで読まれてきた読者の中には、「結局、脱炭素経営が必要なのは、大企業かそのサプライチェーンに含まれる中堅・中小企業までだろう」と思われているかもしれません。

確かに、個人で経営している飲食店や商店、地域のスーパーなどは関係ないように思えます。実際、現状で気候変動リスクを避けるために温室効果ガス排出量を削減すべきと迫られているのは大企業やそのサプライチェーンに含まれる企業です。

しかしこのことは単に優先順位の結果です。

気候変動リスクの影響を受けるのは全人類なのですから、規模の大小に関わらず、温室効果ガスの排出削減に努力すべきだと考えられています。

ただ、限られた時間の中では、まずは影響力の大きなところから手を打つ方が効果的であるという考えです。よく引き合いに出される8対2の法則で言えば、排出量の多いトップ2割の企業が脱炭素経営を始めれば、排出量の8割を削減できる、といったイメージです。あくまでたとえですので、実際の比率は異なるでしょう。

したがって、早晩、個人経営の飲食店や商店、地域のスーパーなどにも脱炭素化が必須となるでしょう。

例えば、Z世代を中心に、環境への負荷の少ない生き方を選ぶ消費者が増えたり、化石燃料由来の電気や燃料の価格が急騰するなどのリスクからは、個人経営の飲食店や商店、地域のスーパーなども無縁ではいられません。

また、2021年6月9日に政府の「国・地方脱炭素実現会議」は「地域脱炭素ロードマップ」を策定しました。2030年までに100カ所の「脱炭素先行地域」をつくり、全国に「脱炭素ドミノ」を起こそうという考えです。

脱炭素先行地域で中心になるのは、地方自治体と地元の金融機関、それに企業です。そうして「民生部門」の電力消費に伴うCO_2排出量をゼロにする目標が掲げられています。

この民生部門とは何か。環境省によれば、民生部門は「民生家庭部門」と「民生業務部門」に区別されます。後者の「民生業務部門」は、「事業所ビル」「百貨店」「各種商品小売業」「その他の卸・小売業」「飲食店」「ホテル・旅館」「学校」「病院・医療施設」「その他」の九つに区分されます。(※9)

すなわち、大手企業のサプライチェーンに含まれない個人経営の飲食点や商店、地域のスーパーなども、ここでは脱炭素の担い手として期待されているのです。

このことから、今後は地方自治体と地元の金融機関（主に信用金庫と思われます）が地域の飲食店や商店などに助成金を出したり融資を行う際には、脱炭素への取り組みが評価される可能性が高まっているのです。

したがって、まだ自分たちは関係なさそうだ、と考えていると、いつの間にか地方自治体や地元の金融機関の支援を受ける際に不利になっている可能性もあるので、注意しなければなりません。

※9　『地球温暖化対策地域推進計画策定ガイドライン　平成15年6月　環境省地球環境局』p95
(https://www.env.go.jp/earth/ondanka/suishin_g/2nd_full.pdf)

Chapter 06

クレアトゥラにできること

グローバルネットワークで、日本以外の活動拠点の再エネ導入の支援

脱炭素経営は、複数のアプローチで推進する必要があります。しかし、限られた社内のリソースだけで対応しようとすると、思うように推進できないことがあります。

そのような時に、私どもクレアトゥラならではのどのようなお手伝いができるのか、簡単ではありますが、紹介させていただきます。

私どもはグローバルCO2の削減をグローバルネットワークで、日本以外の拠点における再エネ導入の支援をしております。国や地域により異なる法規制や電力料金などを考慮して、最も費用対効果が高いバーチャルＰＰＡ（Virtual Power Purchase Agreement）などの再エネ導入を支援しています。

オンサイトＰＰＡとオフサイトＰＰＡ

CO_2の削減を実施する場合、多くの場合は再生可能エネルギーへの切り替えを検討することになります。

それでは、どの再生可能エネルギーを選べば良いのでしょうか。

最もコストパフォーマンスが良く、取り組みやすいのはオンサイトＰＰＡ（Power Purchase Agreement）です。

ＰＰＡとは、小売電気事業者と電気の利用者の間で締結する電力購入契約です。オンサイトＰＰＡとは、発電事業者が電気の利用者の建物の屋根や空いた土地に発電設備を設置し、そこで発電した電気を利用者に供給することです。このとき、発電設備の設置・運用・保守は発電事業者が行います。

オンサイトＰＰＡを利用すれば、送配電費用が削減できますし、ＦＩＴ賦課金の負担を回避できます。また、利用者が太陽光発電設備を自前で一から設置して自給自足する場合よりも初期費用や保守費用が不要になります。

●オンサイトPPAの仕組み

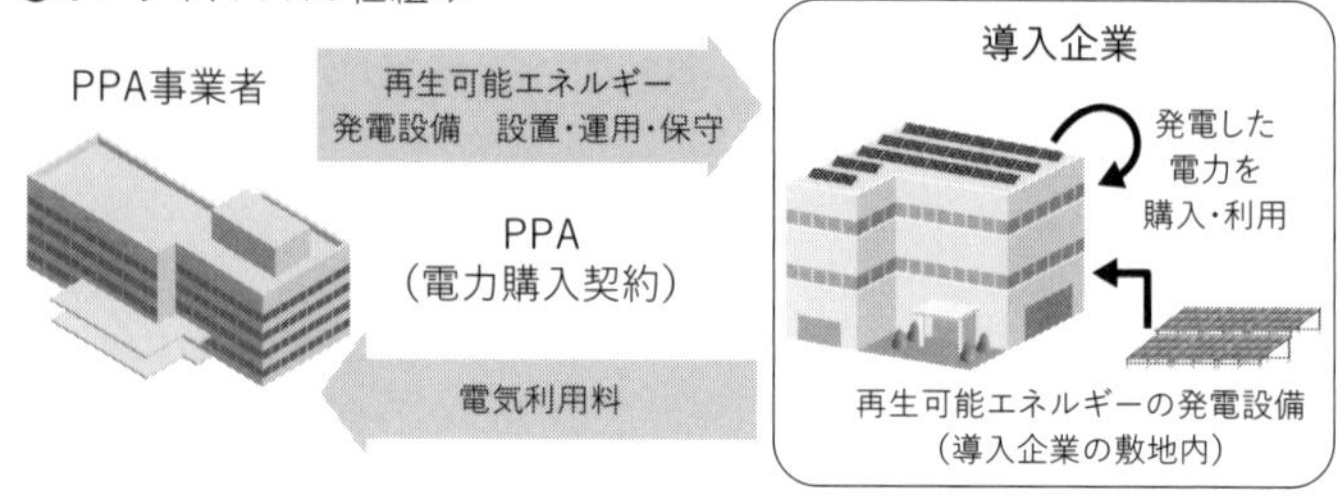

出典：『「PPA」を３分解説！ – EMIRA』（https://emira-t.jp/pedia/16541/）

その上、グリッドパリティ（Grid Parity）を下回っているため電力会社から電気を購入するよりも安くなります。グリッドパリティとは、再生可能エネルギーによる発電コストが既存の電力購入のコストと同等か下回ることを意味します。すなわち、グリッド（送電網）がパリティ（同等）ということです。

さらにオンサイトＰＰＡはＲＥ１００への加盟にも問題ありません。

しかし、特に工場などではオンサイトＰＰＡの電力では使用する電力の一部しか賄えません。これでは電力の１００％を再生可能エネルギーにできません。

そこで「オフサイトＰＰＡ」も活用することになります。

オフサイトＰＰＡとは、自社とは離れた土地に太陽光発電施設を設置し、そこで発電した電気を送配電ネットワーク経由で自社に送る電力購入契約です。この方法で電力を賄った場

●オフサイトPPAの仕組み例

PPA事業者
再生可能エネルギー
発電設備　設置・運用・保守
導入企業
PPA
（電力購入契約）
電気利用料
発電した電力を
購入・利用
電力
再生可能エネルギーの発電設備
（導入企業の敷地外）
送配電
ネットワーク
導入企業
（別施設など）

出典：『「PPA」を３分解説！－EMIRA』（https://emira-t.jp/pedia/16541/）

合もＲＥ１００に加盟することが可能です。

なお、現在の関係で日本では実用化されていませんが、米国等ではバーチャルＰＰＡ（Virtual Power Purchase Agreement）という方法が進んでいます。

バーチャルＰＰＡでは電気の利用者が再生可能エネルギーによる発電を行っている発電事業者と直接中長期的な電力購入契約を結びます。このとき、遠隔地の発電設備で発電された電力を直接購入しているわけではありません。発電事業者は電力を電力卸売市場に販売します。

バーチャルＰＰＡでは、利用者は発電事業者から、事前に決めた固定価格で購入することを保証します。例えばあるときの電力が卸市場で１円でしか売れなかったとしても、事前の契約が2円であれば2円で購入します。発電事業者はこの契約を担保に、発電施設を設置する費用の融資を受けることができます。利用者はこの保証の代わりに、再エネの価値を証書の形で取得できるのです。

卸売価格は常に変動しますから、保証価格を下回ったり上回ったりします。卸売価格が保証価格を下回った場合は、利用者が事前の固定価格で保証しますが、卸売価格が保証価格を上回った場合はその差額が利用者へのリターンとなります。

ところで、卸売価格が上がるとリターンがあるので得しているように思えますが、そのときは利用者が購入している電気料金も上がっていますので、バランスが取れます。

逆に卸売価格が下がったときは保証価格との差額分損しているように見えますが、このときは利用者が実際に使用している電気料金も下がっています。

つまり、市場価格の変動をヘッジできているわけです。この仕組みにより、将来化石燃料由来の電気料金が上昇しても、リスクはヘッジされます。

このように、バーチャルPPAを導入することは、利用者が長期に保証をすることで発電所が新規に建設されることになり、再生可能エネルギーの普及に貢献するため、再生可能エネルギー由来の電力を購入したと見なされるわけです。このように、再生可能エネル

V-PPAのイメージ

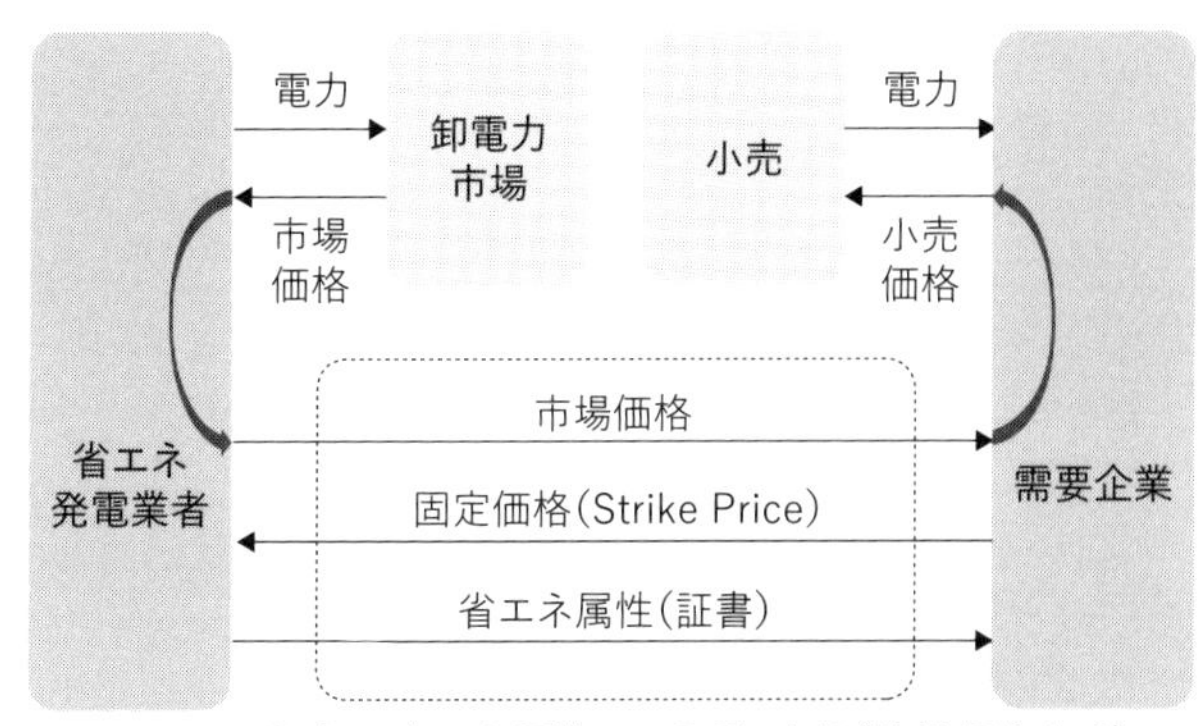

出典：プレスリリース『JCLP が非 FIT 再エネの選択肢多様化に向けた意見書を公表』(https://japan-clp.jp/wp-content/uploads/2021/05/JCLP_PressRelease_20210513.pdf)

ギーの普及に貢献することを追加性があると呼びます。

バーチャルＰＰＡは、再生可能エネルギー由来の発電コストが十分に下がっている場合に成り立つ仕組みですので、現在の日本ではまだ始まったばかりで評価は難しいですが、米国では普及しています。

例えばグーグルも利用していますし、アップルが米国内の事業所の消費電力を１００％再生可能エネルギーにできたのはバーチャルＰＰＡによるといわれています。また、トヨタ自動車の北米統括会社であるＴＭＮＡ（Toyota Motor North America）は２０１９年にバーチャルＰＰＡを締結し、ＣＯ２排出量を削減することを目指しています。

再生可能エネルギーを導入する目的を再確認する

再生可能エネルギーを導入する際には、四つの方法を検討することになります。まず、PPA。次にグリーン電力証書の購入。電力会社のグリーン料金メニューの契約。そしてオンサイトPPAです。

再生可能エネルギーを利用すると言えば、現状はこれらの中から選択するか組み合わせることになります。

そこで私どもは、これらの選択肢の中からすぐにでも取りかかれることを始めましょうと勧めます。最も希望する選択肢の実現に時間がかかるようであれば、まずは実現しやすい方法に取り組んでしまうことです。

多くの場合は、オンサイトPPAの導入を勧めます。この方法が最もコストパフォーマンスが良いためです。

一方、多くの企業が評価している電力会社ごとに用意しているグリーン電気メニュー（再ビス名称は電力会社ごとに異なる）はあまり勧めていません。仕組みがブラックボックス化されており、注意が必要であると考えているためです。また、別々に電気と証書を買うよりもコストが高くなる事例が散見されます。ですから後回しにしていただきます。

オンサイトPPAを実装して不足している電力については再生可能エネルギー証書の購入を勧めます。そして最終的にオフサイトPPAの導入を目指します。

このとき、現状の化石燃料より再生可能エネルギー由来の電力料金が安くなるまで様子を見たいという経営者もおられます。企業としては再生可能エネルギーの導入を検討した目的を今一度確認すべきです。

目的は、将来の気候変動リスクを回避すること。CO2排出量の削減に貢献すること。そして再生可能エネルギーの普及を後押しする追加性や社会の持続可能性に貢献することです。その結果としてCSR（Corporate Social Responsibility：企業の社会的責任）の面での評価も高まります。

これらの目的を忘れてしまうと、再生可能エネルギーを導入するための投資と労力を惜しむようになってしまい、優先順位がどんどん下がっていき、結局、将来のリスクに対して何も手を打てなくなってしまいます。

もう一度、気候変動リスクに対応しないことである日突然、取引先や株主、金融機関、消費者などから評価されなくなる可能性を思い出してほしいのです。

その日が来てから慌てて対処しようとしても、もはや間に合いません。グリーン電力証書にしても、今日明日に購入できるものではないためです。ポートフォリオを組むための準備が必要です。

この辺りの事情について、分かりやすくするために、あるグローバル企業A社について見てみましょう。

A社が再生可能エネルギー100%を目指すためにグリーン電力証書を購入しようとした場合、事業を展開している米国と中国、日本のどこから購入すべきかを考えます。まず、A社が使用している電力量などを調査しなければなりません。

調査結果を基にロードマップを作成します。すると米国では先に紹介した四つの選択肢について全て実行可能であることが分かったので、すぐにオンサイトPPAとオフサイトPPAを実装することにしました。

日本ではレギュレーション（規制）が緩和されているのでオンサイトPPAは勧められますが、オフサイトPPAはまだまだコストが見合わないので見送りとします。不足分はグリーン電力証書で賄うことになりました。

一方、中国はレギュレーションの緩和が予測できないので、現状ではグリーン電力証書しか選択肢はありません。ところが米国や日本に比べて極端に安価であることが分かりました。それならば、グリーン電力証書は中国で購入すべきだと判断しました。

以上のようなポートフォリオを作成しなければなりませんので、突然再生可能エネルギー100％に切り替えることは無理なのです。

ですから、今一度、再生可能エネルギーを導入する目的について、明確にしておきましょう。

現在の日本においては、工場等の屋根に太陽光パネルを自己資金で載せるか、ＰＰＡの仕組みを用いて導入することまでしか、一般的に至っておりません。しかしながら、大規模な工場においても屋根の面積は限られることから、当該施策で賄える再生可能エネルギーのボリュームは工場等で使用する電気の一部しか賄えないことが一般的です。

そのため、より大きな規模で再生可能エネルギーを導入するには、工場等の屋根だけではなく、第三者の土地等を活用した再エネ発電所から供給を受ける必要が出てきます。直感的には、ダイレクトＰＰＡが簡単に思えますが、ダイレクトＰＰＡの場合は、電力の発電と消費を一致させることが求められるため、難易度が上がります。

そこで、同時同量を求めないバーチャルPPAの出番となります。

一方で、バーチャルPPAの導入も、10年といった長期の契約になること、電力価格が低下した際に損失が発生しうるといったことから、導入が簡単ではありません。

特に発電所を建設する事業者によっては経験が少ないといった理由から、工事に遅れが発生することや10年といった長期間のサービスを提供するうえで、信用が十分ではないといったリスクが生じます。

欧米ではそういったリスクを軽減し、効果的なPPAの仕組みを実現するため、経験の豊富なコンサルティング会社にPPAサービスを提供する事業者の選定を支援させることが一般的になっております。

VPPAといった仕組みは、日系大企業にとってもまだまだ新しい概念であり、現地法人のスタッフだけでは体制的に難しいことが現実です。具体的には、サステナビリティだけでなく、金融、法務といった総合的な判断が必要となるため、日本本社から支援を行い、ノウハウの蓄積が必要となります。

我々はその支援をグローバルのパートナーと連携しながら、日本のコンサルティング会社として、日系特有の事業の進め方をサポートし、欧米を中心とした海外においてサービスを提供することが可能です。

カーボンニュートラルの実現へ向けたカーボン・クレジットの活用

GHGの排出量削減目標を掲げても、基準年より事業が成長すると排出量の削減目標も成り行きで増えてしまいます。

もっとも、世の中全体で再エネや省エネが普及すると、それだけである程度はGHGの排出量削減が進むことも確かです。

しかし、残念ながら自らの削減努力だけで、スコープ2・3すべてのCO2排出量をゼロにするのは現実的ではありません。また、各社がサステナビリティを競う中で、さらに目立っていくためには、SBT等が求める1.5℃の削減以上の取り組みとして、カーボンニュートラルの実践を考えていく必要があります。

そこで、カーボンニュートラルを実現するためには、様々な努力をした結果、まだ残っている排出量については、カーボンオフセットを導入することも提案します。

自社のサービスをカーボン・オフセットにしてバリューチェーンでの魅力を高める

カーボン・オフセットというと、自社のCO_2排出量を埋め合わせるために使う守りのツールととらえられがちです。もちろん、そのような使い方も可能ですが、攻めの使い方も可能です。弊社では、次の二つの観点の支援を行っています。

① 協力会社のオフセット

前段でも紹介した通り、企業はバリューチェーン全体での脱炭素化の推進を求められています。そうした中、サプライヤーやアウトソーシング先の脱炭素化もすることは、バリューチェーン全体の脱炭素化において必須の項目となります。

ここで当該企業の脱炭素化を進めるにも特に中小企業の場合には、資金面で対応が難しいことが考えられます。中小企業が設備等の更新をする際、カーボン・オフセットの仕組みを活用することで手助けすることが考えられます。具体的には当該設備の更新から生まれるカーボン・クレジットを特定の期間、一定の金額で購入することを約束することで、経済的な支援が可能です。場合によっては資金の前払いといったことも考えられます。それで、資金の提供側はカーボン・クレジットを受け取ることにより自社の削減として、取り込むのです。

この仕組みの特徴は、当該企業が他の企業、特にコンペティタールにサービスを提供している場合に、当該設備を導入した際の削減量をコンペティタールに渡すことなく当社に取り込むことが可能になります。こうすることで、競合優位性を脱炭素の観点から発揮することができるのです。

② カーボン・インセッティング

前述の事例は直接関連する企業に対して設備導入等の支援をする仕組みでしたが、バ

■ カーボンイン・セッティングの考え方

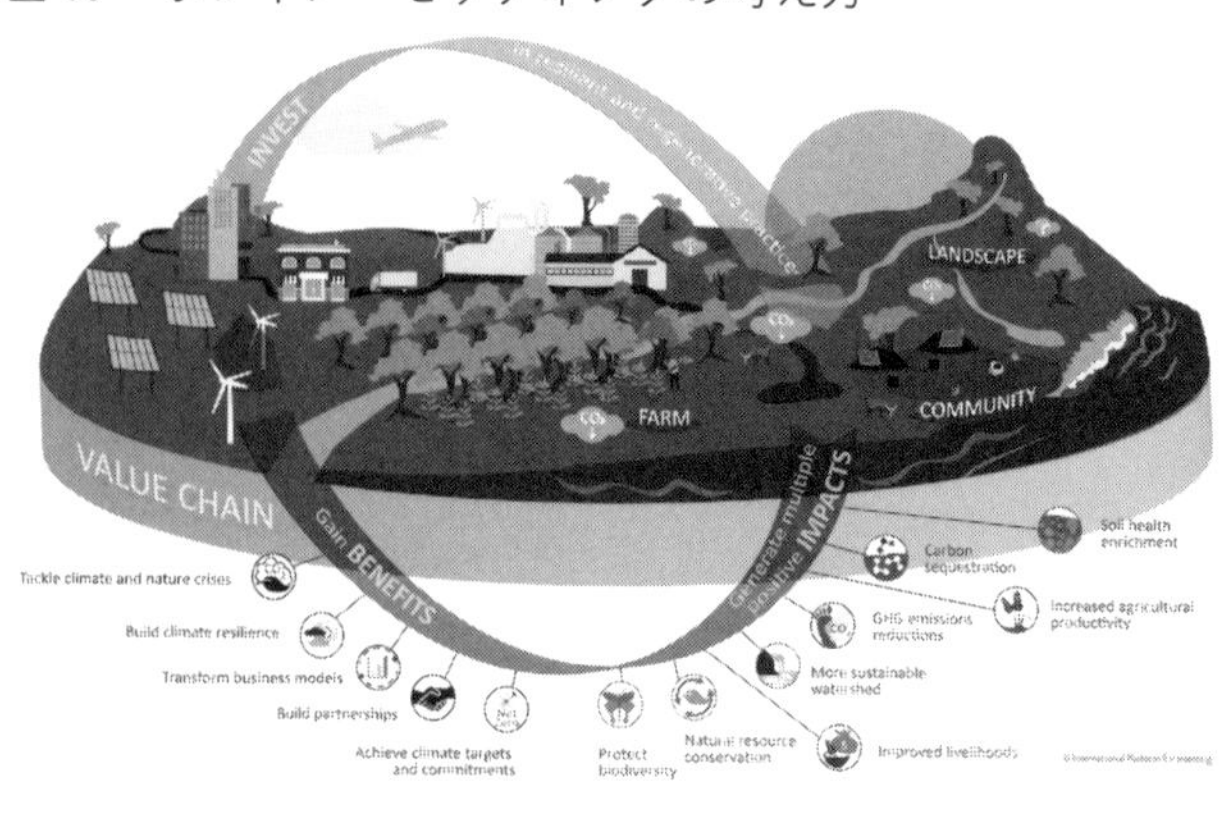

リューチェーン内で、再植林やアグロフォレストリー、再生可能エネルギー、エコロジカルな農業を推進することをカーボン・インセッティングといいます。もっと平易な言葉でいうと、バリューチェーンの中で、環境などに悪影響を与える活動よりも、好影響を与える活動にフォーカスする考え方です。

世界の先端企業は、この考え方を使って、既に動き始めています。例えば、グッチや、サンローラン、ボッテガヴェネタ等のトップブランドを持つフランスのケリングでは、当社でも製品に使う金のサプライチェーンがある南米のガイアナの植樹や、中国の綿農家に対してCO_2を吸着させる農法を広めることで、環境の負荷を減らすとともに、バリューチェーンの気候変動に対するレジリエンスを高めることを推進しています。また、ネスレの事業部門であるネスプレッソでは、コーヒー農園の植樹を支援しており、日陰を必要とするコーヒーの生産性を高めるだけでなく、CO2の吸収、土壌の改善、土地の含水率の向上といった環境面に対するポジティブな影響、さらに換金性の高い果物の樹木を植えることによって、農家の副収入を増やす経済的な効果も高めています。

こういった消費者等には見えにくいCO2削減の取り組みに、直感的に環境や社会に良いことをしていることを伝え、また、バリューチェーン全体のレジリエンスを高めることができるのです。

それでは、そういったカーボン・インセッティングの中でも、森林や農業を通したカーボン・プロジェクトの内容を次に見ていきたいと思います。

カーボンプロジェクトを使って、生物多様性にも貢献する

カーボン・オフセットの特徴として、自社の活動とは関係のない場所での削減を自社の貢献として取り込むことができることにあります。前述の通り、カーボン・オフセットクレジットを創出するプロジェクトには大まかに、再生可能エネルギーに関するもの、省エネに関するもの、そして、農業・森林・海洋に関するものの三つが存在します。

その中でも最後の農業・森林・海洋に関するものは、Nature-Based Solution（以下、NBS）と呼ばれ、生態系の持つエコシステムを活用したソリューションに基づくアプローチをとることから、気候変動だけではなく、生態系の力を活用して様々なベネフィットを創出することが可能となります。

NBSというとハードルが高く感じられますが、要するに自然の力を使って、CO_2の削減・吸収を促進するものです。具体的には、森林が伐採されてしまった地域の再植林、有機農業を促進することによる土壌の炭素貯留機能の向上などがそれに当たります。

日本のＪ－クレジット制度においても、森林保全に関するプロジェクトや、バイオ炭といった農業関連のプロジェクトが生まれてきております。また海外に視点を移すと森林の中でも海洋の生態系に寄与するマングローブ海藻の保全（ブルーカーボン）、放牧の牛等を管理することで草原を回復するプロジェクトなど、様々な手法が編み出されてきています。

※https://www.iuco.jp/

生物多様性に直接貢献ができない企業においても、ＮＢＳに関連するカーボン・オフセットクレジットを購入することによって、気候変動だけではなく、生物多様性を中心とした様々なＳＤＧｓに貢献することが可能になり、弊社でもそういった取り組みから生まれるクレジットの販売や調達支援を実施しております。

カーボンプロジェクトに投資をして、将来のリスクをヘッジする

■ NBSの考え方

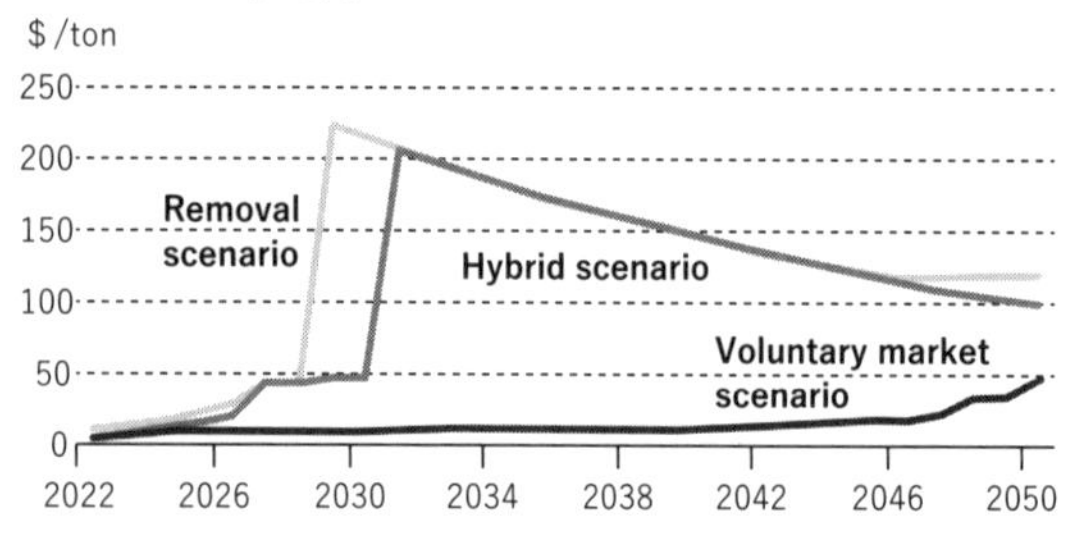

出典：BloombergNEF. Note: Chart shows forecasted prices, rather than actual prices.

昨今の世界的な気候変動対策への関心の高まりに伴い、カーボン・オフセットクレジットに関しては、今後の大幅な値上がりが予想されております。

そのようなカーボン・クレジットの上昇リスクをヘッジするために、弊社ではカーボン・クレジットの投資・長期購入契約の支援をしております。

後述の図のように、気候変動対策を推進する目的はSDGsの達成、すなわち、持続的な社会の実現にあります。その文脈に従うと、時間を置かずに、カーボン・ニュートラルという世界は当たり前に実現すべき要素となり、すぐ

■ SDGsにおける気候変動の位置づけ

※上の階層図は、アメリカの非営利環境団体コンサベーション・インターナショナルが提唱している階層構造に私どもでアレンジを加えたものです。

に自然資本、特に、陸上・海域の生物多様性の回復に着手しなくてはならなくなるのは時間の問題です。私たちは、気候変動だけではなく、次に来る生物多様性を中心とした自然資本の回復に向けた支援を実施しております。

　これまでカーボン・オフセットの利点を説明してきましたが、もちろん企業活動として、自社のカーボンフットプリントを減らすことが最優先です。しかし、SBT等の指針に従い4%以上のCO_2削減を継続していくのは、カイゼン的な取り組みだけでは難しく、どちらかというとドラスティックに構造を変えることが求められます。また自主的な削減のほうがコストが割高になることも十分考えられます。その中で、カーボン・オフセットといった手段を活用することも、企業成長とカーボン・ニュートラルの最適な実現を目指すためには重要になってきます。

あとがき

化石資源由来のエネルギー価格高騰に備える

既にニュースなどでご存じの通り、石油や石炭、天然ガスなどの化石資源に由来する電気代は、国際情勢によって簡単に高騰します。今後は気候変動リスクによっても高騰する可能性があります。

一方、世界の再生可能エネルギーは価格が下がり続けています。また、化石資源のほとんどを輸入に依存している我が国においては、再生可能エネルギーはＣＯ２排出量削減目標を達成するためだけでなく、エネルギー自給率を高めるためにも取り組まざるを得ません。

企業の経営においても、このトレンドを傍観していてはいけない時期を迎えています。

水素は天然ガスの3倍程度の価格に？

本書では水素について触れませんでした。水素はカーボンフリーなエネルギーとして大変に注目されています。資源エネルギー庁でも「水素社会」という言葉を使うなど、大きく取り上げています。

しかし、水素を造るためには電気が必要で、現段階では大変なコストがかかります。そのため、脱炭素経営として企業が取り入れるには現実的ではありません。

自動車メーカーでも水素を燃料とした燃料電池車（ＦＣＶ）や内燃機関の水素エンジンの開発を進めていますが、肝心の開発コストが高いため、実用段階での普及が難しい状態にあると言えます。

ただ、化石燃料自体のコストが低くても、使用する際にはＣＯ２のコストが上乗せされる社会になってきますので、長期的には水素エネルギーを取り巻く状況からも目は離せないと言えます。

海外に拠点を移すことはコストダウンになるのか

物造りにおいて、日本での生産はコスト高になるため海外に拠点を移すという経営戦略は一般的です。

しかし、今後は、気候変動リスクも考慮した上で、海外拠点の是非を検討する必要があります。

特に、生産コストが低いだけの理由で途上国に拠点を設けたとき、洪水など自然災害リスクが高いのであれば、操業停止に追い込まれるリスクがあるだけでなく、実際に災害が起きていなくても、ステークホルダーからは気候変動リスクが考慮されていないと評価されてしまう時代になってきているのです。

このことから、多少エネルギーコストやインフラコスト、あるいは人件費が高くても、拠点を日本に置くことが有利になってきているとも言えます。

気候変動リスクを考慮していない企業は、取引対象から外される時代に

例えば運送業は脱炭素経営が進んでいない業界です。ところがある通信機器の製造会社様から、製品の輸送時のCO2排出量を削減したいとご相談を受けました。

たとえ運送業界自らの脱炭素経営の動きが鈍くとも、他の業界からの要請が高まっているのです。

このようにして、「自社やこの業界ではまだまだ脱炭素化の動きは先の話だな」などと考えていると、ある日突然、他の業界や取引先から「脱炭素経営に取り組んでいない企業とは取引しないことになりました」と言われてしまう日が来ます。

次を見据えて自然資本の回復にも着手する

脱炭素経営は、ときとしてビジネスモデルの変換まで必要とされる取り組みであるため、ともすると経営陣だけに意識改革が求められるように感じられてしまいます。

しかし、本書で見てきました通り、脱炭素経営は社員一人ひとりの意識改革がなければ

成果を出せません。
　また、社員も会社から言われるのを待つのではなく、自ら積極的に脱炭素社会に対する知見を獲得することで、場合によっては今働いている会社の経営陣を評価して、「この会社は脱炭素社会に適応できない」と見切りを付けて転職することも考えなければならない時代になってきています。
　従って本書は、経営者だけでなく、社員の方々にも是非とも手にとってお読みいただきたいと考えています。

　本書を読まれた皆様が将来に明るい展望を見いだされることとともに、私たちが暮らす社会が持続可能な社会を創造できるように、私どもも貢献していきたいと考えています。

クレアトゥラ株式会社　代表取締役ＣＥＯ　**服部　倫康**

MEMO

MEMO

MEMO

なぜ、脱炭素経営が必要なのか？　GXへの第一歩

2023年3月1日　初版第1刷発行

著　　者　　服部 倫康

発行者　　中野 進介

発行所　　株式会社ビジネス教育出版社
〒102-0074　東京都千代田区九段南4-7-13
TEL 03（3221）5361（代表）／ FAX 03（3222）7878
E-mail ▶ info@bks.co.jp　URL ▶ https：//www.bks.co.jp
印刷・製本　　萩原印刷株式会社
ブックカバーデザイン　　飯田理湖
本文デザイン・DTP　　坪内友季

ISBN978-4-8283-0905-7